레이게바라의 고비사막 자전거 여행

불가능한 꿈

레이계바라의 고비사막 자전거 여행

불가능한 꿈

초판 1쇄 2014년 4월 7일

지은이 이상훈
발행인 김재홍
책임편집 김태수, 조유영, 박보라
마케팅 이연실

발행처 도서출판 지식공감
등록번호 제396-2012-000018호
주소 경기도 고양시 일산동구 견달산로225번길 112
전화 031-901-9300
팩스 031-902-0089
홈페이지 www.bookdaum.com

가격 15,000원
ISBN 979-11-5622-020-6 03980

CIP제어번호 CIP2014008788
이 도서의 국립중앙도서관 출판시 도서목록(CIP)은 e-CIP 홈페이지(http://www.nl.go.kr/ecip)에서 이용하실 수 있습니다.

레이게바라의 고비사막 자전거 여행

불가능한 꿈

LEAVE FOR GOBI

이 상훈

도서출판 지식공감

CONTENS

Prologue

7 불가능한 꿈

10 이동경로
12 준비물
17 중국에서 몽골 국경넘기
21 자밍우드 몽골갱

고비사막
Gobi desert

30 비바람이 치는 사막
42 지금이 고비
53 고비의 눈물
58 사막스타일
74 염소 일병 구하기
82 사막 화장실
93 몽골 마이클 조던

세인트
Saint

104 이상한 만남
114 내친구 세인트
127 위험한 몽골!
141 염소 치기 청년
162 세인트와 함께
164 물 만난 세인트
177 몽골 쌍봉낙타
188 구름 속의 산책
196 메마른 땅
209 물 좀 주소
221 사막 생존법
235 세상에서 가장 맛있는 음식
245 몽골리아 솔롱고스
261 넘어진 자전거
266 세인트 찾기
272 달콤한 꿈
289 집으로
297 세인트에게

Epilogue 300 리얼리스트

prologue 불가능한 꿈

◇◇◇

2012년 9월 출발 예정이었던 중국으로 시작되었어야 하는 일주가 갑작스러운 수술 때문에 이제 출발한다. 계속 병원에 다녔고 얼마 전에 수술 부위가 재발해서 일정을 두 번이나 연기했다.

이 여행 불가능할까? 그냥 포기할까? 했지만 엄청나게 많은 약(항생제)을 처방받고 떠난다.

사실 아무도 응원해주는 분이 없었고 이 여행을 찬성한 사람은 오직 '나' 혼자였다.
아무튼, 여행준비 기간이 참 길었는데 중국어, 몽골어 공부는 제대로 하지 못했다.
뭐 공용어가 있으니까~!

최대의 과제! 최고의 미션!
고비사막을 종단할 계획이다. 인생의 고비가 될 것 같은 사막이겠지만 언젠간 가야 할 사막!
여행 마지막쯤에 계획했던 고비사막이 벌써 많은 곳에 도로를 포장하고 있다고 들었는데 올해(2013년) 9월부터 본격적인 도로 포장공사를 한다고 한다. 도로가 포장되기 전에 즉, 9월 전에 고비를 지나갈 생각이다.

고비사막 여행은 5년 전부터 꿈꿔왔던 곳이고 1년 동안 준비를 했다.

낮에도 밤에도 오르막을 달리면서 체력을 단련했고 여행 전 20kg가량의 살을 찌웠다가 출발 40일 전부터 본격적으로 조금씩 체중을 줄였다. '아마도 사막에 도착하기 전에 다 빠지겠지?'

머리카락을 관리하기 힘들 것 같아서 파마하고 일명 '고비 스타일'이라고 몽골에서 먹어 줄 스타일로 묶고 다닐 생각이다.

여행을 준비하는 마지막 한 달 동안은 설렘에 매일 잠 못 이룰 정도로 행복했고 항상 그렇듯이 여행은 여행보다 여행을 준비하는 것이 힘들고 여행을 준비하는 것이 더 즐겁다고 생각한다. 지금의 즐거움이 이번 여행이 끝날 때까지 유지할 수 있도록 신나게 달리자!

자! 그럼 이제 불가능한 꿈을 가지러 출발하자!
'고고고~무브무브~'

LEAVE FOR GOBI

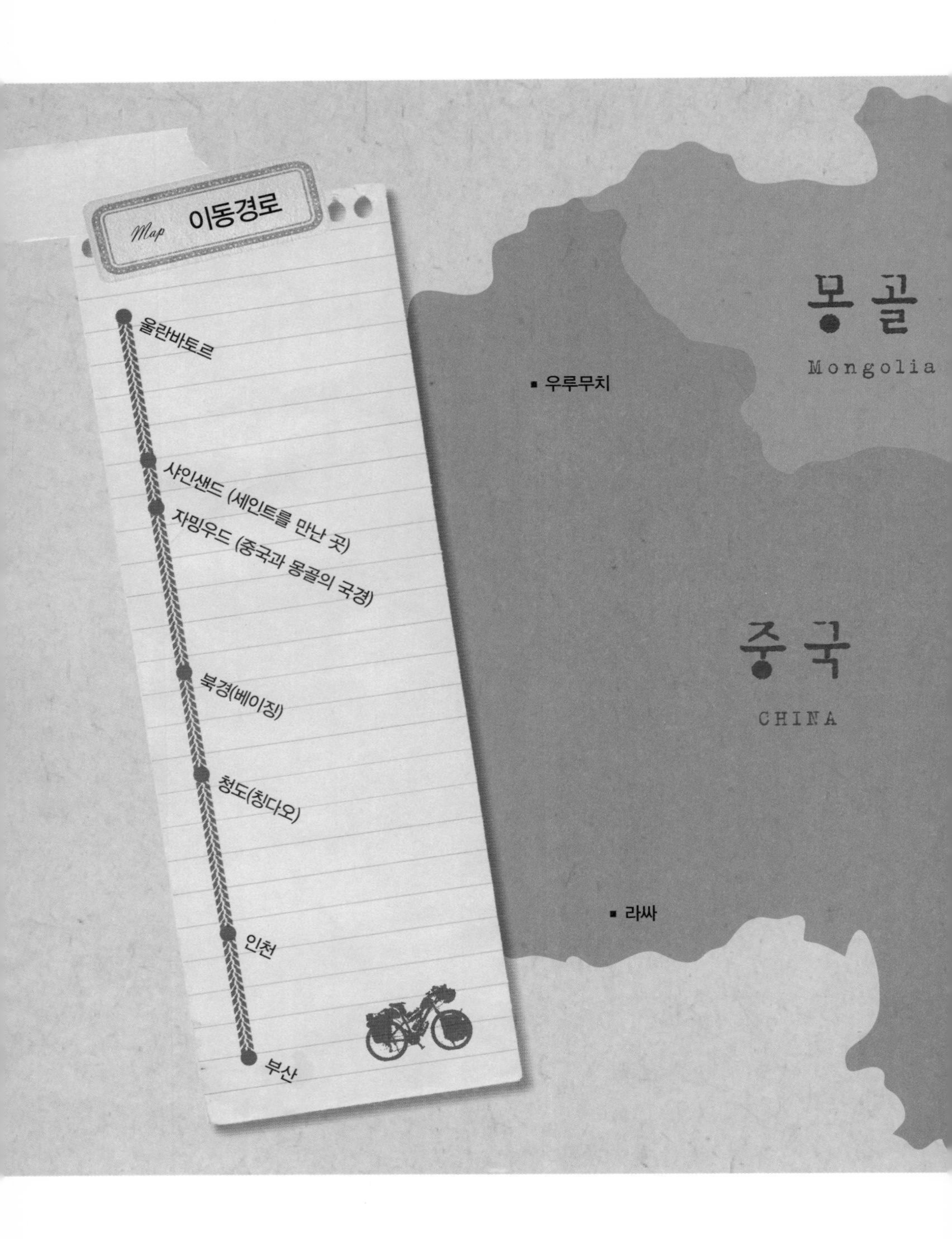
Map 이동경로
울란바토르
샤인샌드 (세인트를 만난 곳)
자밍우드 (중국과 몽골의 국경)
북경(베이징)
청도(칭다오)
인천
부산
우루무치
라싸
몽골
Mongolia
중국
CHINA

에르데네트
울란바토르
샤인샌드
자밍우드
길림
선양
바오터우
베이징
텐진
다롄
인천
서울
대한민국
KOREA
란저우
칭다오
시안
부산
난징
청두
우한
상하이
충칭
항저우
난창
푸저우
광저우
닌닝

Supplies 준비물

자전거 여행용으로 나온 자전거를 사막에 달릴 수 있게끔 세팅을 했다. 우선 오프로드에 유리한 타이어로 교체했고 앞, 뒤 렉을 튼튼한 제품으로 교체했다. 물은 생명이기에 700ml 물통 3개를 자전거에 장착했으며 모든 짐을 넣고 다니기에 앞, 뒤 패니어에 핸들가방까지 자전거에 부착했다. 그야말로 이 상태로 세계일주를 떠날 수 있을 정도로 준비했다.

캠핑용품 텐트, 침낭, 버너, 코펠, 에어매트, 에어배게, 롤매트

전자기기 GPS, 태양광 충전기, 태양광 보조배터리, 멀티탭, 아이폰, 각종 충전기 및 배터리, DSLR카메라, 슈퍼줌렌즈, 충전식 AA 건전지 12알

라이딩용품 헬멧, 트레킹화, 슬리퍼, 긴장갑, 자물쇠 2개, 선글라스, 전조등, 후미등

의류 모자, 패딩 자켓, 긴팔 티셔츠 2장, 반팔 티셔츠, 긴남방, 팬티 2장, 양말 3켤레, 긴바지, 츄리닝 긴바지, 츄리닝 반바지, 내복 바지

응급용품 호루라기, 브레이크패드, 볼트, 너트, 펌프, 예비튜브 3개, 펑크패치 30개, 타이어레버, 스패너 (8mm, 10mm), 육각렌치, 스포크, 비상용 케블러 스포크, 금속접착제, 케이블타이, 멀티툴, 휴대용 정수기, 바늘,실, 응급처치세트, 각종 구급약, 절연테이프, 체인링크, 예비체인

식량 물과 음료 23리터, 일주일 동안 먹을 빵과 라면, 소시지, 부탄가스, 에너지바 3개, 사탕 여러개, 종합비타민 7알, 발포 마그네슘 5알, 비타민C 5알

고비사막 구간 중 자밍우드에서 샤인샌드까지는 일주일간 마을을 만날 수가 없기에 일주일간 먹을 식량을 중국 국경과 몽골 국경에서 구입했다.
몽골에서는 우리나라 라면과 부탄가스를 구입할 수 있다.
가격은 전체적으로 중국이 훨씬 저렴하다.

환전 몽골 자밍우드 역 앞에는 은행이 있고 환전상도 있다.
달러나 우리 돈을 몽골돈 투그릭으로 교환할 수 있는데 고액권일수록 높은 환전율을 가진다.

중국에서 몽골 국경넘기

◇◇◇

부산에서 인천까지 그리고 배를 타고 중국 청도에서부터 중국~몽골의 국경까지 자전거로 2,500km 이상을 달려왔고 총 한 달이 넘게 걸렸다.

드디어 국경이다. 무지개 모양의 국경이 날 반겼고 자전거와 사람은 무조건 차를 이용해서 건너야 하는데 지프를 타라고 유혹하는 호객꾼 아저씨께서는 나에게 "Japanese?"라고 물어본다. 한국인이라고 하니 웃으면서 우리말로 "안뇽하쉐요!"라며 인사를 하셨다. 그리고 곧 가격 협상이 시작되는데 아저씨께서 처음에 부른 가격은 '300위안'
"푸하하하"
"아저씨 왜 이러세요~" 알만한 사람끼리…
조금 있다가 '250위안'
그러다 '200위안'
"안가~안가~"
자전거를 돌려 안 간다니 그제야 아저씨는 내 스타일을 눈치챘는지 결국, '100위안'에 자전거를 싣기로 했다.
(보통 중국~몽골 국경에서 자전거와 짐을 함께 실을 때 100~200위안을 냅니다.)

'아! 그나저나 짐이 너무 무겁다.'

먼저 지나가신 분들의 후기에서 다들 식량과 물을 중국에서 준비하길래 '물가 차이가 그렇게 심한가?' 하고 나 또한 중국에서 미리 준비했는데 몽골에 도착해서 살 걸 하는 후회는 이미 해도 늦었다.
'아! 불안하다.' 지프 뒤에 자전거를 묶었는데 정말 불안했다. 만약 가속방지 턱이라도 나온다면 내 자전거는 튕겨 버릴 것만 같았다.

"아저씨! 일단 꽉~꽉~묶어주세요!"
"아! 아저씨 한 번 더 묶어주세요~헐렁해요~!"
그렇게 앞좌석에 앉아서 중국 출국 사무소로 향해 출발했다.
아! 지프 운전기사 아저씨는 체격이 좋은 몽골분이셨는데 보기와는 다르게 매우 친절하셨다.

"아저씨! 근데 이 차는 잘 나가는 거 맞죠?"
정말 오래된듯한 지프는 덤프트럭보다 심한 굉음을 울리며 달려갔다. 원래 긴장을 잘 안 하는 성격인데 국경을 넘을 때 진짜 떨리고 설레고 또 무섭기도 했다. 출국 사무소 앞에서 다른 분들이랑 합석하는데 총 5명이 짐과 함께 지프를 타고 이동했다.
뒷자리 한쪽 편엔 짐이 있어서 내 무릎 위에 아주머니 한 분이 앉아서 갔는데 왼쪽 무릎이 마비된 느낌을 받기도 했다.
'그래도 뭐 오붓하고 정감 있는데?'

중국 출국 사무소에 가서 도장을 찍은 후 다시 지프를 타고 몽골 입국사무소로 이동했고 몽골입국 사무소에서 도장을 받은 후 다시 지프가 오기를 기다리는데

근데 여기서 우리말이 들렸다. 분명 우리말인데 아! 억양이 다른데?
'헉…'
'북한말??'
'북·한·사·람'이다!
아! 신기해! 북한사람을 중국~몽골 국경에서 처음 봤다.

갑자기 떨어진 우박에 내가 놀라니 무릎 위에 앉아서 가신 아주머니께서는 한국인이 와서 환영해주는 거라고 하셨다. 부산에서 출발하는 날에 비가 왔고 중국에서 계속 비를 맞으며 달려왔으며 몽골로 입국하는 날까지 비를 맞았다.
'그래! 자전거 여행에 비와 바람은 언제나 함께 하니까….'

화물 검사로 인해서 몽골 입국 허가가 안 떨어진다. 아후 국경 넘는데 왜 이렇게 오래 걸리지? 정말 이상한 시스템인 것 같은데….
중국에서 몽골로 자전거와 함께 국경 넘기를 간단하게 정리하자면

중국에서 지프를 타고 중국 출국 사무소에 내려서 출국 도장을 받은 후 다시 지프를 타고 몽골 입국사무소에 내린 후 몽골 입국 도장을 받고 다시 지프를 타고 화물 검사를 하고 나서야 그렇게 드디어 몽골 땅을 밟았다. 땅에 키스할 계획이 있었는데 막상 땅을 보는 순간 그건 또 아닌 것 같았다.

아무튼, 장장 4시간 30분 만에 중국에서 몽골로 자전거와 함께 넘어왔다.

우리는 언제쯤 입국 도장을 찍지 않고
세계를 여행하는 날이 올까?

자밍우드 몽골갱

◇◇◇

몽골의 국경도시 자밍우드.
자밍우드 역 앞에 왔고 몽골돈(투그릭)으로 환전을 했다.
그리고 동네를 돌아다니는데 골목을 지나가는 중 누군가가 부른다.
사람들이 여러 명 몰려있었는데 오라고 손짓을 하길래 난 안 간다고 손을 흔들며 가려는데 소리치며 날 부른다.
헉! 느낌이 이상한데? 일단 천천히 페달을 밟아서 앞으로 나아가는데 계속 부른다.
하하 무서웠다.
소리를 치는 그 느낌이 왠지 욕을 하는 것처럼 들리기도 했고 뭐 몽골어를 모르니까 일단 분위기가 너무 무서웠다.
아! 몽골 사람의 체격은 생각보다 어마어마하다. 그냥 딱 보면 골격 자체가 크다. 그리고 말투도 무슨 장군 말투처럼 위엄있다. 역시 징기스칸의 후예들인가?
일단 피하자! 자전거가 있기에 방심하면 안 되는 상황이며 골목골목엔 사람이 다니지 않아서 재빠르게 움직였다.
동네를 한 바퀴 돌고 나서야 안전해 보이는 숙소로 찾아 들어왔다.

호텔에선 여권을 맡겨야 한다는데 직원과 사장님과 옆 식당 아주머니께서 돌아가면서 내 여권을 구경하셨다.
혹시? 한류열풍의 주역인가? 했지만 비자를 보면서 '재 불법체류 아냐?' '진짜 한국인 맞아?' 이런 느낌으로 보셨던 것 같다.
배정받은 방은 3층인데 직원분께서 물을 냉장고에 보관해 주시겠다고 달라고 하셨다.
"오오~ 그럴까요?"
물은 1층 냉장고에 맡겨놓고 두 번을 반복해서 자전거와 짐을 들고 방으로 올라갔다.
방안에는 정수기가 있었지만 시원한 물은 나오질 않았고 화장실이 있었지만 샤워하는 중 방으로 물이 새어버려서 수건이 걸레가 되도록 바닥을 닦았다.

첫날 느꼈던 몽골의 분위기는? 뭐랄까….
고요하고 쓸쓸했다.

방에 자전거와 짐을 보관해놓고 나가는데 호텔직원들이 전부 짐을 옮기고 있길래 얼떨결에 하나 받아서 옮겨주다가 결국엔 허리 부러지기 일보 직전까지 함께 음료수를 옮겼다.

몽골의 거리를 당당하게 걸어 나와서 걷는데…
뜨악! '몽골갱'이라는 벽의 낙서 글을 보자마자
소심하고 신속하게 이동을 했다.

일단 밥부터 먹자!
자밍우드역 앞에 있는 식당에 와서 밥을 먹었다.
아! 오늘의 첫 끼였는데 밥을 먹고 나니
긴장도 풀리고 자신감도 생겼다~우후~

이제 자유롭게 돌아보자!

자밍우드에서 울란바토르까지
올라가는 몽골 열차!

몽골에선 휴대전화 3G를 장착할 생각으로 역 앞에 있는 휴대폰 대리점인 '모비콤'에 왔다.

몽골 유심칩을 사고 2GB 3G를 장착했다.

친절한 직원분은 원활한 대화를 위해 한국손님에게 전화를 걸어서 연결해주기도 하셨고 마칠 시간이었는데도 문을 잠그고 오시더니 계속 나를 집중적으로 챙겨주셨다.

유심칩	5,000 투그릭
2GB 3G	25,000 투그릭

고비사막 : 세계 3대 사막중 하나로 그 넓이는 사하라, 아라비아 사막 다음이고 아시아에서는 가장 넓은 사막이다. 고비라는 말의 의미는 몽골어로 '풀이 잘 자라지 않는 거친 땅'이란 뜻으로 마을을 찾기 힘들고 물을 찾기가 어려운 곳이기도 하다.

gobi
desert
고비사막

비바람이 치는 사막

◇◇◇

짐을 챙겨서 출발하려는데 호텔 카운터에 직원이 보이질 않는다. 아! 내 여권은? 그리고 맡겨놓은 물은 어떻게 된 거지? 한 번 기다려봤다. 항상 바쁜 일상 속에서 '빨리빨리'를 외치며 살아온 나는 여행 중엔 그러지 않기로 다짐했었고 고비사막으로 출발하는 첫째 날 오전에 내가 변하고 있는지 궁금하기도 했기 때문이다. 근데 도대체가 시간이 한참을 지났지만 아무도 오질 않는다.
'아이고! 이러다가 사막에 가기 전에 내 몸이 말라버리는 거 아냐?'
할 수 없이 호텔 1층에 있는 식당에 가서 사정을 이야기하니 식당 직원이 전화해줬고 잠시 후 호텔 직원 한 명이 왔는데 교대한 직원이라나? 내 여권을 못 찾겠단다.
"네? 하하하"
'아! 오늘 출발할 수 있겠어?'
1시간 30분을 더 기다렸고 다른 직원이 왔다. 그래도 이 정도 기다림쯤이야? 날 막을 수 있겠어?

작년에 출발하려던 여행을 1년 동안 기다렸다. 모든 계획을 세웠고 출발 날짜까지 정했지만, 갑작스레 응급실에 실려 갔고 '부비동염'과 '비중격만곡증'이라는 처음 들어보는 병명을 떠안으며 수술을 했다. 전신마취를 하며 수술실에 들어가는 짧은 찰라에도 내 머릿속엔 자전거를 타고 여행하는 상상을 했고 수술 후에 회복해야 한다는 의사

선생님 말씀을 뒤로한 채 계속 자전거를 타며 체력을 단련했다. 이렇게 긴 시간을 준비하고 꿈꿔온 만큼 그 누구도 날 막을 순 없을걸?

무거운 자전거를 휘청거리며 '황야의 무법자' 마냥 비장한 표정을 지으며 출발했다.
드디어 이제 떠나는구나!

분명 어젯밤에 냉장고에 넣었던 내 물은 꽁꽁 얼어있는데…
20리터가 넘는 이 물은 2시간이 지나기 전에 다 녹아버렸다.

마지막 아스팔트를 지나서 곧 사막으로 길을 나섰다. 몽골의 덤프트럭은 의외였는데 대부분 뒤에서 짧게 클랙슨을 울린 후 창문을 열어 손을 흔들어주었다. 트럭이 지나간 바퀴 자국 또한 의외였는데 자전거가 지나가기엔 너무 힘든 길이다. 벌써 물을 벌컥벌컥 마셨다. 이제부터 진짜 고비사막이다. 목이 마른 정도를 넘어 목이 타서 내 모든 장기가 말라서 굳어버리는 듯한 느낌을 받는 건조한 곳이다. 내가 가는 이곳은 총 700km가 넘는 고비사막의 종단길이며 첫 번째 목표 지점인 샤인샌드까지의 거리는 짧게는 220km에서 길게는 250km 정도의 거리다. 일주일이 걸릴 거라 예상하는 샤인샌드까지 6일 동안 달릴 계획을 세웠다. 그런데 출발하자마자 다시 생각했다.

"아! 6일이면 힘들겠는데?"
눈으로 보고 직접 달려보고도 믿지 않았다. 이 길을 어떻게 자전거로 지나갈 수 있단 말인가? 살면서 평생 자전거를 끌었던 날보다 오늘 하루에 끌바(자전거를 끌고 감) 한 날이 더 길었고 부산에서 중국을 거쳐 여기까지 오면서 힘들었던 모든 날보다 지금 이 한 순간이 더 고통스러웠다. 다시 자전거를 돌려 돌아갈까? 그리고 그냥 기차를 타고 지나갈까? 이런 생각을 오늘 하루 수백 번은 넘게 한 것 같다.

비틀거리며 자전거를 세운 흔적은
지금부터 만들기 시작했다.

맑은 하늘을 침범하는 먹구름은 비가 쏟아질 거라는 경고였나? 사막에서 비 맞으면 3대가 재수 좋다던데? 에이 설마? 설마 비를 맞았다. 아니 정확하게 이야기하면 우박이다. 소금알갱이 같은 꽤 굵은 놈이 떨어지는데 맞으면 정말 아프다.

푹푹 빠지는 이 길에 비가 내려
길이 조금 단단해질 거라는 소망은
마주친 어워 앞에 서서
열심히 기도해봤자 소용이 없었다.

몽골어로 '안녕'이라는 인사말이 '센베노'이기에
까마귀들에게 '까아악~베노'라고 부르며 인사를 했다.

앞에 나타난 갈림길에서 한참을 고민했다. 아! 어디로 가지? 결국, 어디로 가도 잘못된 길이 아니었다. 고비사막엔 길이 없기에 어느 길로 가도 나중엔 다시 만나게 되어있다는 걸, 가면서 알았다. 내가 가야 할 이 길도 분명히 다른 길일뿐 잘못된 길이 아니라는 것도 나중에 알게 되겠지?

커튼처럼 보이는 소용돌이를 나름 피하면서 달렸는데 내가 그렇게 좋은지 가는 길마다 앞에서 막고 있었다.

재미있게 놀려고 온 여행인데 여기서 과연 즐길 수 있을까? 궁금했었다. 비바람이 치는 사막에서 나는 과연 즐길 수 있을까? 하루에 최소한 40km는 가야 하는데 고작 17km를 왔는데 지쳤다. 이미 내 눈은 사방을 살피며 야영할 장소를 찾고 있고 사방팔방엔 아무것도 없다는 것을 동시에 알게 되었다.

Gobi Des. **戈壁沙漠** ▲
고비사막

모랫길은 자전거를 타기가 힘들고 뜨거운 햇볕과 강력한 바람을 피할 장소가 없으며 무엇보다 사방이 뻥 뚫린 곳이라 야영할 곳을 찾는 것이 큰 고민이었다.

우왓! 같은 하늘 아래 저 이중적인 모습의 구름은 뭐지? 하늘의 반은 맑음이고 나머지 반은 흐림이다.

두더지가 있는 구멍인가?
혹시나 나올까 봐?
기다려봤는데 다들 외출 나갔나?
아무것도 없었다.

"야호!" 사막에 텐트 쳤다.

아! 일단 좀 쉬자!!! 정말이지 한 달은 달린 듯한 느낌의 피로감을 오늘 단 하루 만에 느꼈다. 일단 라면을 폭풍 흡입했고 해가 질 때쯤 다시 불길한 느낌의 먹구름이 몰려오길래 우박이 떨어질까 봐 텐트 안으로 대피했는데… 잠시 후, 헉! 누가 텐트를 '퍽퍽'쳤다. 아! 그냥 친 게 아니라 몸으로 텐트를 막 누르면서 이리저리 텐트를 '퍽퍽' 건드렸다.

엥? 이건 바람이 아닌데? 분명 누군가가 텐트를 흔들면서 누르고 있다. 도대체 뭐야? 놀라기도 했고 무섭기도 했는데 무엇보다 너무 피곤해서 일어날 힘도 없었는데 아! 누구지? 고비 귀신인가? 아니면 고비 늑대? 심호흡을 크게 하고 조심스레 텐트 지퍼를 열고 밖으로 나갔는데…

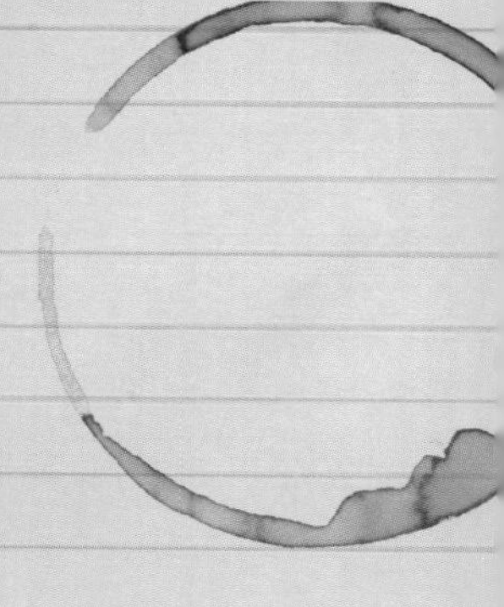

텐트안에서 온몸에 힘을 빼고 눈을 감으면
누군가가 걸어오는 소리가 들린다.
바로 개미 발자국 소리인데 그 소리는 얼마나 큰지
한 번씩 일어나서 주위를 살펴봐야 할 정도이다.

지금이 고비

◇◇◇

"까악~~~~~까악~~~~~까악~~~~~"
실제로 정말 큰소리를 질렀는데 "아! 깜짝이야!!" "노호이~호르~*"
"노호이~호르~" "노호이~호르~" 아! 아무리 불러도 소용이 없었다. 주위엔 아무도 없는데… "야! 너 뭐하는 놈이냐? 거기서 뭐하냐??"
이 녀석은 게르의 개인듯한데 주인은 어디 가고 더위에 지쳤는지 바람을 맞아서 피곤한지 계속 텐트 옆에 앉아 있다. 진짜 무서웠는데 막상 부르니까 꼬리를 치며 다가오네! 그래 좋다! 스펙타클한 고비사막의 첫째 날은 너와 함께 놀아주겠어!
이 녀석에게 먹을 걸 주면 계속 안 갈까 봐 그냥 음식이 없는 척을 했는데 계속 낑낑거리길래 작은 빵 3개를 먹였다. 그러자 계속 달라고 끌어안으면서 애교를 부리길래 할 수 없이 조금 더 큰 빵 1개를 더 먹이고 노래도 불러주고 텐트 옆에 재운 후 나도 텐트로 들어왔다. 근데 새벽에 잠시 깨서 나가보니 더 얻어먹을 것이 없는 걸 눈치챘는지 가고 없었다.
이런 '배신견' 같으니라고….

*노호이 호르 : 게르의 "개좀 잡아주세요"라는 표현.

이름 : 고비
좋아하는 것 : 중국산 빵
취미 : 음악감상
특기 : 끌어안기
mont-bell

아이스크림 먹는 꿈을 꿨다. 기분이 좋은데?

그러나 정신 차리고 보니 현실은 사막이었고

아이스크림 대신 물과 빵으로 간단하게 아침을 먹었다.

아무도 없다.
넓디 넓은 사막 한가운데 나 혼자다.
오늘은 즐겁게 노래 부르면서 가야지!

고비사막의 말은 이 메마른 땅에서
무얼 그렇게 먹고 있는지?
나도 배가 고플 땐 땅을 파고 있지 않을까?

마치 남극의 황제펭귄들이 허들링(Huddling) 하듯이
모여서 바람을 피하고 있는 듯한 말들.
함께 있으니 외롭지는 않겠지?

만약에 혼자라면 이렇게 되겠지?

차가 지나가는 길이기에 자전거도 지나갈 수 있겠지? 물론 쑥쑥 미끄러지고 퉁퉁 튕기면서 달리니 물통이 떨어지기도 하고 넘어지고 끌고 가기도 하지만 어쨌든 갈 수 있는 길이다.

낙타를 보기 위해 다른 길로 가로질러왔다. GPS는 이미 경로를 벗어났다고 30초마다 경고음이 울렸지만 고비사막의 낙타를 조금이나마 가까이에서 보고 싶었다.

말은 겁이 많아서 근처에 가면 바로 도망가 버린다.
그래서 놀라지 않게 하려고 최대한 조심스레 지나갔다.

어디로 가도 만나는 고비사막의 길을 한번은 왼쪽으로 또 오른쪽으로 계속 여기저기의 길로 다녀봤다.

사막에 피어있는 꽃은 활짝 웃고 있구나! 지금의 내 모습인 듯 나도 웃고 있는데!

소들이 갑자기 날 덮치면 어떻게 하지?
그런 걱정은 NO NO!
지나가는 내가 신기한 듯 쳐다보기만 하는 소들은 순진한 친구들이다.

찌는듯한 더위에 뜨거운 물을 마시며 고비를 건너는 지금처럼 살면서 내게 이런 고비가 있었나? 그늘이라곤 자전거가 만들어 준 곳 뿐이고….

나는 지금 내 인생에
언제 또 올지 모를 큰 고비를 지나고 있다.

고비의 눈물

◇◇◇

사막에 돌아다니는 저 많은 염소는 누가 관리하지?
아하! 목동 아저씨 있네! "안녕하세요!"

몽골 사람들의 시력은 4.0이라고 하던데 나도 시력이 좋은 편이거든?
내 눈을 피할 순 없지! 저 멀리 나무가 보이는데 근데 너무 멀리있다.
도대체 쉴 곳은 없나? 했는데….

진짜 놀랐는데 포크레인이 있다. 거기다가 우리나라의 '대우' 포크레인이다. 드디어 기초공사 중인 길에 왔고 바로 밑은 푹푹 빠지는 모랫길인데 차가 못 지나가게 모래언덕으로 막아놨다. 모래언덕을 만날 때면 자전거를 들고 지나갔고 이제 조금 달릴 수 있을까 했지만 앞에 불길한 느낌의 공사 차량이 있었다. 아! 공사 중이다. 자갈길 위에 흙을 부어 단단하게 누르는 작업 중인데 중국 차량이 공사하길래 혹시나 중국인이 있을까 봤는데 전부 몽골인이다. 그리고 바로 이어 나오는 기초공사 전의 기본 자갈길이다. 보기엔 좋은 길 같지만 울퉁불퉁 불특정한 크기의 자갈들이어서 지나갈 때 매우 불쾌한 느낌이 들기도 했다. 그래도 뭐 모랫길보단 훨씬 좋다. 사진기를 들고 고비의 하늘을 찍고 있는 지금은 어느 정도 여유가 생겼다는 것이고 옆에 토관으로 보이는 쉴 곳을 찾았다는 것은 내게 이제 행운이 함께 한다는 뜻이기도 하다.

한참을 쉬었다. 사막에 있는 이 토관은 진짜 최고의 휴식장소인 듯하다.

"공사 중인 길 때문에 너희가 있을 곳이 줄어들고 있는 거지?"
"너희가 뛰어놀 곳이 점점 줄어드는 거지?"

고비사막의 말들

다시 모랫길로 왔는데 앞에 공사 중이라 길이 막혀있다.
"에잇! 끌고 가면 되지!" 그리고 얼마나 달렸을까? 두둥! 두두둥!!! 아.스.팔.트??? 지금 여긴 쭉쭉 아스팔트 길이 공사 중이고 앞 뒤로 못 지나가게 완전히 막아놨다. 계속 달려서 공사 중인 길로 넘어갈 수 있는 곳을 찾았고 달리다가 쉬다가 경치도 감상하며 달렸다. 달리는 중 길을 막아놓은 테이프가 우리나라의 '안전제일' 테이프였다.
한류의 열풍은 공사장에 쓰이는 테이프도 비켜갈 수 없는 듯하다.

다시 모랫길에 왔고 조금 더 달려보려 했지만, 갑자기 바람이 불기 시작했다. 무시무시한 커튼 같은 모양의 황사 바람이 계속 다가왔고 불길한 느낌과 함께 결국, 앞이 보이지 않을 정도의 황사 모래바람이 불었다. 말로만 듣던 진짜 레알 원조 황사 바람이다.

땅에 엎드려서 몸을 웅크린 채 바람을 피했다. 아마 태풍 매미 이후 내가 직접 맞아본 바람 중엔 가장 강력했던 것 같다.

한참을 기다린 후 바람이 서서히 사라질 때 후딱후딱 텐트를 치고 텐트 안에 들어가서 텐트가 날아가지 않기를 누워서 버텼다.

"불지마! 바람아! 울지마! 고비야!"

사막스타일

◇◇◇

고비사막을 지나가는 지금은 8월인데 고비사막의 새벽은 정말 추웠다. 중국에서 사 온 내복이 없었으면 진짜 얼어 죽었을듯하다. 낮에는 한여름 날씨지만 해가 지고 달이 뜨면 어느새 초겨울 날씨가 된 듯이 춥다. 그래도 이렇게 일교차가 심한 덕분에 한 가지 좋은 것이 있는데 바로 시원한 물을 마실 수 있다는 것이다. 새벽에 눈을 뜨면 추운 날씨 덕분에 시원한 물을 마실 수 있다는 것은 큰 위안이었다.

도마뱀과의 '얼음 땡 놀이'는 누가 술래가 되느냐에 따라 긴 시간의 놀이가 되어버린다.

사막의 벌레를 다 잡아먹는 귀여운 녀석이 있는데 바로! 고비사막의 도마뱀이다. 도마뱀은 귀엽게 사막을 뛰어다니며 벌레를 잡아먹는데 야영을 하기 전에 도마뱀이 보이면 안심을 했었다. 파충류는 질색했지만 고비사막을 여행하는 동안은 도마뱀이 좋아졌다. 벌레에게서 해방이 될 테니 분명히 도마뱀은 내 편이라고 생각했었다.

물이 점점 줄기에 짐도 가벼워지고 내 몸도 어느새 사막에 익숙해졌나? 조금씩 편안해지는 느낌이었다.

계속 달리는 중 엇! 앞에 게르가 보인다. 게르다! 야호! 지나가는 길에 만나는 첫 번째 게르인데 한 꼬마가 손 흔들길래 나도 똑같이 손을 흔들며 게르에 방문했다. 에어조단 모자를 쓴 꼬마가 날 보자마자

자전거를 이리저리 살펴보고 한 번 타보자고 하길래 “응? 타봐!” 곧 자신보다 큰 사이즈의 자전거를 탄 꼬마는 이리저리 휘청거리며 넘어질 뻔했는데 옆에서 잡아주면서 게르 근처를 한 바퀴 돌았다.

너 말을 타서 그런가? 생각보다 잘 타네? 잠시 후 이 꼬마는 나보고 자고 갈 거냐고 손가락으로 숫자를 표현하며 하룻밤에 얼마이다. 이렇게 이야기했다. 하하 나 방금 일어났는데? 다음에 와서 자고 갈게. 그러자 이 꼬마는 갑자기 표정이 일그러지더니 한치의 머뭇거림 없이 나의 헬멧을 달라고 했다. 어? 그리고 잠시 후엔 자전거 뒤에 걸려있는 슬리퍼도 달라고 했고 심지어 자전거에 붙어있는 GPS를 떼가려고도 했다. 아! 보통 여행자들은 널 만났을 때 이렇게 ‘선물’을 줬었나? 아니면 네가 ‘선물’의 개념을 아직 몰라서 달라고 하면 다 주는 거라고 착각하고 있는 건가? 꼬마에게 정중히 거절하며 멀리 도망가면서 사진기로 아이의 모습을 찍었는데 내가 사진기를 든 모습을 본 아이는 얼굴을 교묘하게 가리며 나에게 다가왔고 사진을 찍어줄 테니 나에게 사진기까지 달라고 했다. 정말 무서운 꼬마다. 처음 만난 게르에서 이런 횡포를 당할 줄이야! 앞으로 게르를 만나면 신중하게 살펴보고 방문해야겠다. 에어조던 모자를 쓴 아이가 있는지 말이다.

얼굴을 알아보기가 힘드네!
무서운 녀석!!

까악! 막혀있다. 컥컥 그래도 날 막진 못할걸? 결국, 우회 길(?)로 돌아왔다. 대략 다섯 군데 정도가 장애물로 막혀있었는데 우회할 길이 없는 곳은 일단 패니어(자전거 가방)를 던져놓고 물도 옮겨놓고 난 후에 자전거를 들고 지나갔다.

앞에 누가 오고 있다. 설마 했던 자전거 여행자는 아닌듯하고
"부우우웅~부우우웅!"
"니하오~아니 센베노~아니 아니 헬로우~~"
완전무장했지만, 분명히 외국인이다! 왠지 이 친구의 머리카락 색깔은 금발일 듯한데 알고 보니 이 친구는 미국인이었고 중국 하얼빈에서 러시아로 그리고 몽골을 거쳐서 다시 중국 베이징으로 간다고 했다. 정확하게 오후 12시에 이 친구를 만났고 난 오늘 하루 14km를 달려왔다. 물어보니 60km만 더 가면 좋은 길이 나올 거란다.
"16km가 아니고? 60km라고?"
하루 만에 못 가겠구나! 이 친구는 나를 좀 어이없게 바라봤고 난 "너 이제 큰일 났다. 조금 더 가면 산(?) 같은 장애물이 있으니까 빨리 우회해서 옆 길로 돌아가라."라고 설명을 했다. 이 친구는 또 어이없어하는데 공사 길을 막아놓은 장애물이 내가 가는 길엔 이제 없다는 걸 나중에 알았는데 그러니까 이 친구는 아마 상상도 못 했겠지? 잠시나마 만나서 반가웠어! 장애물 조심하고~

이 친구 돌로 막아놓은 장애물을 어떻게 지나갈지 걱정스럽네!

매력적인 고비사막이다.

갈림길에서 고민했다. 울퉁불퉁 자갈길과 미끌미끌 모랫길이 있었는데 자갈길은 너무 덜컹거려서 자전거 다 부서질 것 같기도 하고 승차감이 정말 최악이다. 온몸이 덜컹거려 몸살 날 것 같아서 차라리 사막 모랫길이 나을 거다.

난 '사막스타일'이니까 하며 푹푹 빠지는 모랫길을 선택해서 달렸다. 모랫길을 달릴 때면 쭉쭉 미끄러지기도 했지만, 승차감은 오히려 자갈길보다 괜찮았다.

앞에 있던 소들이 날 보고 놀랐는지 후다닥 도망가는데 오! 빠르다! 엄청나게 빨리 도망가버린 소들에게 큰소리로 외쳤다.
"안 헤쳐. 나 아직 식량 남아있어!"

사막에 오르막이 없을 거란 생각은 무참히 깨져버렸는데 오늘만 해발고도 300미터를 넘게 올라왔다. 물론 내려가기도 하기에 괜찮은데 아무래도 모랫길과 자갈길을 내려갈 땐 위험했기에 천천히 내려갔다.

두 번째 방문한 게르인데 처음 나를 반긴 게르의 개는 일단 크게 짖고 보는데 "쫑쫑쫑" 부르며 잘 달래면 금세 순진해지기도 했다.

일단 개를 안심시켜놓고 게르의 아저씨와 인사하는데
"아저씨 안녕하세요. 저는 한국인입니다. 하하하"
"이 자식 미친놈 아냐? 너 어디서와? 밥은 먹고 다니냐?"
게르의 주인아저씨께서는 어이없는 웃음과 함께 날 이상하게 쳐다봤고 내 자전거를 유심히 구경하셨다. 난 아저씨께 양해를 구한 후 게르를 구경했는데 아하! 게르는 이렇게 생겼구나!

아저씨께서는 비어있는 내 물통을 보더니 얼마나 불쌍했는지 1.5리터 물을 한 병 주셨다. 선뜻 물을 주신 아저씨께 고맙다는 인사를 몇 번 했는지 모른다. 무뚝뚝한 표정과 차가운 말투와는 다르게 아저씨의 마음은 지금의 뜨거운 사막 열기보다 더 따뜻한 것 같다.

뒷동산의 경치 좋은 곳에 와서 바위틈을 바람막이로 삼아서 가스버너에 불을 지피고 무더운 사막 한가운데에서 땀을 흘리며 라면을 먹었다.

대부분의 정상에는 '어워'가 있다. 어워에 있는 '하닥(파란색 천)'은 푸른 하늘을 뜻하고 돌덩이 사이에 소지품(돈, 사탕, 술, 귀중품 등)을 올려놓은 후 주위를 시계방향으로 세 바퀴 돌면서 기도를 하면 소원이 이루어진다고 한다.

*어워 : '쌓아올린 것, 퇴적, 더미, 덩어리, 돌의 더미'라는 뜻이며, 우리나라의 '서낭당'과 비슷한 성격을 띠는 곳이다.

내리막길이다. 울퉁불퉁 길이라서 핸들을 놓치는 순간, 이 여행이 끝날 수 있겠구나! 생각하며 조심스레 달렸고 계속 이 내리막길이 영원하길 기도하며 달렸다.

거북이 모양의 바위?
여기서도 소원을 빌어봐?

염소떼가 엄청나게 울면서 인사한다. 어! 분위기가 이상하다. 우왕좌왕하며 울면서 날 부르는 듯한데 헉! 여러 마리의 염소가 진흙에 빠져있다.

염소 일병 구하기

◇◇◇

진흙에 빠져버린 염소들은 우왕좌왕하며 난리가 났다. 일단 자전거를 세웠고 염소를 구해야겠다는 생각이 들었다. 아! 근데 어떻게 구하지? 근처에 목동이 있을 거란 생각에 처음으로 호루라기를 꺼냈다. 그리고 내 양쪽 귀를 막은 채 온 힘을 다해 호루라기를 불었다. 정말 쓰러질 때까지 불었다. 아! 목동 아저씨 어디 있어요? 염소들 좀 도와주세요. 이거 어쩌지? 내가 염소를 건져낼 수 있을까? 바로 그때! 트럭이 온다.

"슝~ 슝~ 슝~"

말도 안 되게 난 트럭 앞을 가로막은 채 트럭을 세웠다. 이때 왜 그랬는지 잘 기억이 안 나는데 정말 누군가의 도움이 필요했기에 그랬던 것 같다.

"아저씨! 염소가 빠졌어요. 제발 도와주세요…"

구세주가 등장했고 난 이 아저씨를 슈퍼맨이라고 불렀다. 슈퍼맨 아저씨께서는 염소를 한 마리씩 구조했는데 어미 염소들은 진흙에 빠진 염소를 구하려 다가오다가 빠지곤 했다. 정말 무식한 염소다. 어미 염소! 우리 엄마도 내가 진흙에 빠지면 날 구하러 오겠지? 자식을 사랑하는 마음은 새끼를 위해 자신이 빠져도 상관없다는 듯 달려드는 어미 염소와 같은 마음이겠지. 함께 계신 아주머니까지 합세하셔서 염소를 모두 구했다.

“아! 안녕하세요! 정식으로 인사드릴게요. 저는 한국인입니다. 자전거 타고 지나가는데 염소가 빠져서 구조요청을 한 거에요.”

가운데 계신 아저씨께서는 영어를 잘하셨는데 염소처럼 너도 구해줄 테니 나에게 차에 타라고 하셨다. 슈퍼맨 아저씨의 차는 슈퍼 포터였는데 자랑스러운 우리의 ‘현대’차다. 계속 차에 타라고 한 아저씨의 호의를 몇 번 거절했는지 모르지만 정말 감사했습니다. 저는 이왕 타고 온 거 아직은 쌩쌩하니까 끝까지 자전거로 갈게요! 아! 아저씨께서는 물도 주셨다. 아저씨! 정말 감사했습니다.

주인을 잘못 만난 자전거는 참 고생이 많다. 누워서 쉬렴! 오후 9시가 되면 해가 지고 곧 암흑이 된다. 정말 외롭고 고독한 시간이 되는데 가장 생각을 많이 할 수 있는 시간이며 가장 좋아하는 시간이기도 하다.

끝이 없는 사막의 매력에 빠져버렸다.
해가 지고 어둠이 몰려오면 두려움과 외로움이 함께한다.
그러나 다시 해가 뜨고 햇살이 비치면
두려움도 외로움도 잊은 채 다시 달리게 된다.

짐이 많이 줄었다. 이제 슝슝 달려보자! 그러나 빨래판 자갈길은 속도를 내기 힘들고 곳곳의 공사현장에서는 여전히 돌아가거나 들고가거나 선택해야 한다. 흙길, 자갈길, 거친 자갈길을 달리고 달려서 드디어 다른 길을 만났다.

자밍우드에서
출발한 지 4일 만에
아스팔트를 만났다.
아마도 내년엔 완공되어있겠지?

사막 화장실

◇◇◇

드디어 아스팔트다!
세상에 사막에 아스팔트라니 옆에 트럭이랑 봉고에 몇몇 분이 계셨는데 우리나라에서 일하셨다는 우리말을 잘하시는 아저씨께서 "더워? 배고파?" 이러셨다.

사막에 아스팔트가 있는 게 이상한 건가?
아스팔트가 사막에 있는 게 이상한 건가?

근데 두리번거려봐도 아무것도 없다. '이제 아스팔트가 나왔으니 이 사막은 더는 사막이 아니다.' 하며 달리는데 헉헉 그래 그렇게 쉬울 리 없지? 오르막은 언제나 함께 해야지!

나를 깜짝 놀라게 한 것이 있었으니 바로 말!대!가!리!
길가에 아무렇게나 굴러다니고 있던 말대가리.
이곳은 정말 무서운 곳이다.

보호색의 지존이라는 고비 도마뱀!

안녕? 무슨 얼음땡 놀이하는 줄 알았다.

오후 12시 정각은 자전거를 타기 가장 힘든 시간이고
도로 밑에 있는 배수로에 들어가서
콩벌레처럼 몸을 둥글게 만든 후 한참을 쉬었다

구름아! 저 뜨거운 태양을 계속 따라가렴.

제발 조금만 도와주렴!

고비사막에서 볼일은 어떻게 해결하냐구?
여기! 화장실이 있네!

바람에 힘들고 외로움에 지쳐서 더는 못 달리겠네. 도로 밑 배수로 앞에 그냥 텐트를 쳤다.

텐트를 치고 보니 주변에 벌레들이 우글우글했다. 사막에 벌레가 이렇게 많을 거란 생각은 전혀 하지 못했었는데, 진짜 무서운 곳이다.

오늘도 역시 제 할 일을 너무 충실히 했던
붉은 태양은 이제 안녕!
어서 들어가서 쉬렴!

이 좋은 아스팔트 길이 계속된다면
샤인샌드까지 한 번에 달려주겠어!
뜨거운 태양은 오늘 하루 쉬는 날인가?
덥지 않아서 좋긴 하다.

얌전한 고비의 말을 만나고

아! 근데 말은 어떻게 부르지?

"이이히히히힝히힝~~~" 이렇게 부르나?

몽골 마이클 조던

◇◇◇

달리다가 만난 게르에 왠지 느낌이 좋아서 큰마음 먹고 방문했다. 두 마리의 개가 있었는데 취침 중이었기에 일단 개가 깨지 않게 조심조심 들어가서 게르의 주인아저씨를 만나고

"아저씨 안녕하세요!"

"엇! 자전거 있네요!"
샤워시설도 완비되어있고 세탁기가 있긴 한데 과연 사용할 수 있을지는 의문이다.

난 아저씨의 게르를 구경하고 아저씨께서는 내 자전거를 구경하셨다. 그러다가 아저씨께서 게르에 들어오라고 하시길래 조심스레 방문했고 '수테차'를 내어주시길래 바로 원샷을 했다. '수테차'의 맛은 우유에 물을 섞은듯한 느낌의 맛이었다.

게르엔 두 남자아이가 있었는데 농구공도 있고? 농구 골대도 있고?
"우리 농구 한 게임 할래?"

게르의 두 아이와 농구시합을 하는데 이 녀석 무슨 마이클 조던이냐? 던지면 다 들어가 버리네. 마이클 조던이 두 명인데 이 경기를 어떻게 이기냐?

시합이 끝난 후엔 자전거도 구경하는데 램퍼드 유니폼을 입은 아이가 내 자전거 거울에 얼룩이 있다고 자기 옷으로 깨끗이 닦아줬다. 사탕 한 개씩 주고 아이들과 인사하고 가는데 자다가 일어난듯한 게르의 개 두 마리가 동시에 날 습격했고 아이들이 뛰어와서 개를 감싸 안아서 막아줬다.

"고맙다. 잘 지내! 몽골의 마이클 조던!"

차를 세워 앞에서 손 흔들고 기다리길래 자전거를 세워서 인사하고 이야기하는데 가족이 여행 중이고 몽골 전역을 여행 다니는 중이란다. 이 친구들이 나에게 함께 가자고, 자전거는 차 위에 올리고 같이 여행하자고 유혹했다. 말도 타고, 양고기 먹고, 독수리체험 하자는 이야기도 했고, 캠핑용품도 전부 있다고 계속 함께 가자고 했는데 이 달콤한 유혹에 잠시 고민을 했지만 아직은 자전거로 가야 할 길이 남아 있기에 정중히 거절했다. 이 친구들은 샤인샌드에서 또 다시 만났는데 정말 반갑게 인사해주기도 했다.

주유소! 주유소가 있다. 이제 다 온 것 같은데 주유소에서 미지근한 음료수 하나 사 마시고 샤인샌드로 가는 마지막 오르막길을 지나서 드디어 샤인샌드에 도착했다.

아직 실감은 안 나는데 차들이 많이 달리는 거 보니 '진짜 도시에 왔구나!' 라고 생각했다. 작은 공원에 와서 쉬는 중에 자신을 아티스트라고 소개하신 오른쪽에 계신 아저씨께서 영어를 잘하셨기에 간단한 대화를 했다. 이 아저씨는 여러 나라를 여행했는데 아직 우리나라엔 못 와봤다고 한다. 제주도가 무비자라서 꼭 와보고 싶다고 하셨고 나의 여행이 무사히 끝나기 바란다고 응원해주셨다.

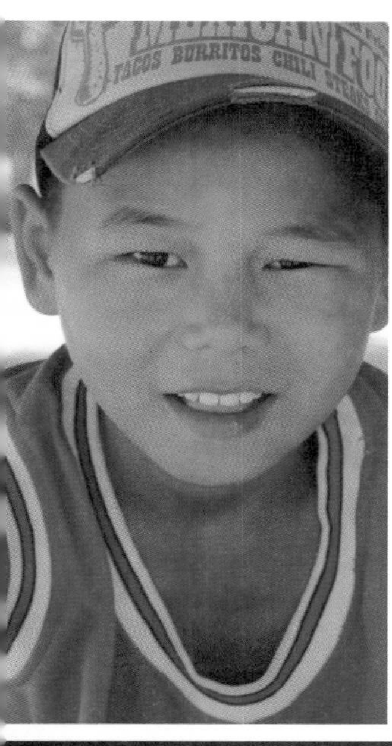

뭐가 그리 궁금한 게 많은지 이것저것 전부 물어보던 아이들! 엇! 혹시 너도 몽골 마이클 조던?

두 번째 만난 마이클 조던 아이와 환타를 한 모금씩 계속 나눠 마셨다.

샤인샌드에서 가장 좋다는 호텔에 왔다.

아! 근데 엘리베이터가 안 돼서 3층까지 자전거를 들고 왔다. 나에게 별 의미 없는 투베드룸이고 창밖의 경치는 조용한 몽골의 풍경이다. 지금 이 도시 전체가 정전이라서 전기가 안 들어오고 물도 용량 제한이 있어서 샤워하다가 도중에 물이 끊겼다.

일단 전기가 안 들어오니 베란다에서 태양광충전을 하는데 잠시 후 날씨가 이상하다. 점점 흐려지더니 창문이 깨질듯한 바람이 불고 비가 오고 번개까지 쳤다.

호텔 직원은 무작정 방에 들어와 불안한 눈빛으로 방의 창문을 살펴보며 이상이 없는지 체크를 하고 갔다.
"야! 네가 그렇게 불안하게 왔다갔다하면 어떻게 해? 고객에게 안심되는 멘트라도 날려주고 가렴!"

이번 여행에서 가장 힘들 것으로 예상했던 구간을 지나왔다.

고비사막 구간에서 만나는 첫 번째 도시인 샤인샌드.

몸 상태와 자전거 상태는 엉망이지만 지나온 길을 떠올리며 웃고 있는 걸 보니 지금 나는 무척 행복한가 보다.

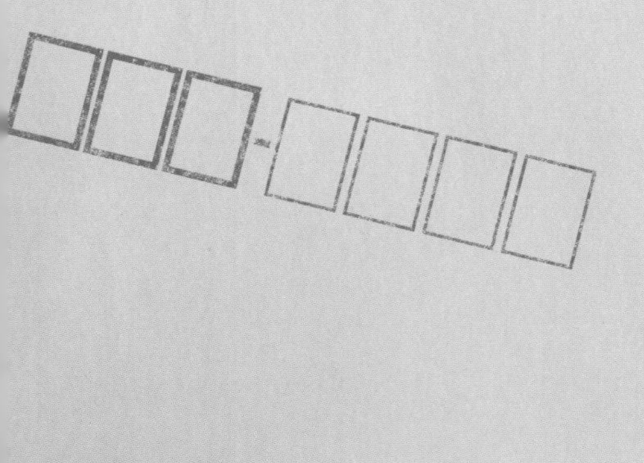

saint
세인트

이상한 만남

◇◇◇

늦잠을 자려고 했는데 습관처럼 6시에 눈을 떴다. 억지로 다시 잠들었고 9시에 일어나서야 짐을 정리하고 출발할 준비를 했다. 고비사막 구간의 가장 큰 고비는 넘겼고 이제부턴 2~3일을 달리면 마을을 만날 수 있을 거라 예상되기에 마음이 한결 가벼워졌고 기분 또한 좋았다. 창밖을 보니 어젯밤 비가 오고 번개가 쳤었나 하는 의문이 생길 만큼 맑은 날씨다.

‘꿈을 꿨었나?’ 다시 봐도 정말 말도 안 되게 맑은 하늘 아래를 달려서 도시를 벗어나기 직전에 그러니까 오르막길이 끝나는 무렵에서 이상한 만남을 가졌다. ‘아! 깜짝이야!’ 개가 한 마리 따라오기 시작했는데 처음엔 이 개가 개인지, 늑대인지 헷갈렸고 가방에 있는 호루라기를 꺼내서 불어보고 물통에 있는 물을 뿌려봐도 계속 쫓아오길래 진짜 무서웠다.

여행 중에 세워놓은 내 자전거는 딱 두 번 바람에 넘어졌는데 지금이 그 첫 번째이다. 호루라기를 꺼내 들고 자전거를 세워놨는데 바람이 "휙"하고 불더니 '쿵'하고 넘어갔다.

보통 자전거를 타고 여행을 하면 개들은 항상 짖으며 쫓아오는데 개는 자전거가 정말 만만했는지 계속 "으르렁"거리며 쫓아온다. 이 개 역시 계속 쫓아오길래 자전거를 세워 근처에 돌을 던져 위협을 해봤지만 소용이 없었다. 할 수 없이 더 열심히 페달을 밟았다. 얼마나 달렸을까? 아니, 도망갔다는 표현이 더 맞을지 모르겠다. 자전거를 타면서 이렇게 빨리 달렸던 적이 있었나? 저 개를 피하려고 있는 힘을 다해 페달을 밟았고 '이제 도저히 안 되겠다.' 해서 마침 정차되어있는 봉고차 앞에 자전거를 세운 후 "아저씨! 저 좀 살려주세요! 개가 계속 따라옵니다. 무서워 죽겠어요."
세 분의 아저씨가 계셨는데 오른쪽에 계신 아저씨께서 "한국인? 한국사람? 나 한국 일했어. 한국말 잘해."라고 정확한 우리말로 얘기하셨다.
"헉! 아저씨? 진짜요? 하하하"

2001년부터 2007년까지 우리나라의 유리공장에서 일하셨다는 아저씨께서는 나와 비슷한 우리말을 구사하셨는데
“엄마 보고 싶지? 집 보고 싶지?”
이렇게 물어보기도 하셨고 한국사람에게 많은 도움을 받았다며 얼음물을 주시고 빵도 주셨다.
“아! 아저씨 그런데요. 저 개는 어떻게 해요? 좀 쫓아내 주세요.”
그러자 아저씨께서는 곧 돌아갈 거라고 걱정하지 말라고 하셨다.
“아! 네….”

아저씨 세 분은 정말 유쾌하셨는데 특히 왼쪽에 계신 아저씨께서는 우리나라 드라마인 '대조영'의 열광적 팬인 듯 계속 "몽골~대조영~~몽골~대조영~~" 이러셨다.
우리나라에서 일하셨다는 아저씨께서는 정말 오랜만에 한국말을 사용해서 기분이 좋다고 말씀하셨고 헤어질 땐 나를 꽉 안아주기도 하셨다.

"아저씨들 만나서 반가웠습니다. 안녕히 가세요!"

찬스다! 도망갈 찬스다!
저 개가 한눈판 사이에 열심히 페달을 밟았다.

그러나 이 녀석은 곧 날 따라 잡은 후
'너 빨리 안 오냐? 너 왜 이렇게 느리냐?'라는 표정을 지으며
날 기다리기도 했다.

이 녀석은 말이 보이면 쏜살같이 달려가서 말을 쫓아내고 두더지 구멍이 보이면 어김없이 파 버리는데 왠지 물불 안 가리는 성격일 듯하다. 도망가기를 계속했지만, 이 이상한 녀석과 함께 샤인샌드의 문인 것 같은 여기 입구까지 왔다. 문기둥의 그늘에 앉아서 밥을 먹으려는데 이 녀석은 갑자기 내 앞에 드러누워 밥을 달라고 애교를 부리길래 샤인샌드에서 준비해온 김밥을 사이좋게 한 줄씩 나눠 먹었다.
"야! 너 엄청나게 잘 먹네. 배가 많이 고팠구나!"

잠시 후 옆에 공사 차량이 왔고 차량 운전기사 아저씨께서 내 손에 맥주를 주고 가셨다. "하하 감사합니다."
맥주를 마시고 시간도 늦었고 저 이상한 녀석에게서 도망친다고 페이스 조절에 실패해서 더 달릴 힘이 없다. 때마침 바로 옆에 게르가 보이길래 게르 주인아저씨께 허락을 받은 후 텐트를 치는데 바람이 많이 불어서 몇 번이나 텐트와 함께 날아갈 뻔했고 결국, 게르의 아저씨께서 도와주셨다.

"야! 너 좀 나와봐~" 이 자식은 사진 찍으려고 하면 앞에서 서성이네. 아저씨께서 게르 안으로 들어오라고 하셨는데 "그럴 순 없어요. 여기 괜찮아요. 텐트도 익숙하고요."

게르에는 주인아저씨랑 아주머니 그리고 귀염둥이 손녀딸이 있었다. 출발 전에 작은누나가 총 7개의 팔찌를 줬는데 귀염둥이 손녀딸에게 첫 번째 팔찌를 선물했다.

재밌는 분들과
좋은 분들을 만나고

무서운 아니 이상한 녀석도 만났다.

내 친구 세인트

◇◇◇

밤새 많은 우박이 내렸고 개 두 마리가 계속 내 텐트 주위를 어슬렁거리며 짖었다. 이상한 녀석은 날 지키려는지 텐트 앞에 딱 붙어서 맞받아서 짖고 난리다.

"야! 근데 너 그거 알아야 해. 네가 날 지켜주는 게 아니라 저 다른 개들이 너 때문에 여기에 오는 거야!"

이상한 녀석은 오늘도 계속 따라온다. 그리고 얼마 가지 않아 이 녀석이 "헥헥"거리길래 "야! 너 물은 마시고 다니냐?"
페트병을 잘라서 전용 물통을 만들었다.

얼마나 갔을까? 도저히 안 되겠다. 식량은 그렇다 해도 물이 부족하고 우리가 함께 달리는 건 서로에게 힘들 것 같다. 다시 돌아가자! 널 처음 만난 장소에 가서 널 집에 보내고 난 물을 구해서 다시 달려야겠다고 생각했다. 이땐 분명히 이 모든 계획이 내 생각대로 잘 이루어질 거라고 굳게 믿었다.

샤인샌드로 다시 왔고 오는 동안
이 녀석은 돌을 던져도 도망가지 않고 계속 따라왔다.

슈퍼 문은 아직 열지 않았기에 앞에서 기다리는데

"어! 안녕하세요~좋은 아침입니다."
"나 한국 일했어." 하시던 아저씨!
"하하하 아저씨도요?"
우리나라에 일하셨던 분은 어딜 가도 있네요!

1996년부터 3년간 우리나라에 일하셨다는 아저씨께서는 약간은 서툰 우리말을 하셨고 한국이 그립다고 하셨다. 그리고 아저씨께서는 나에게 선뜻 10,000 투그릭을 주셨다. 엥?
"아저씨~노노노~아니에요~" 제가 용돈 받을 나이는 아니고요. 하하하 그러자 아저씨께서는 한국에서 일 마치고 집에 갈 때면 사장님께서 10,000원씩 용돈을 주셨다고 하시면서 그때가 생각나서 그런지 나에게 계속 용돈을 주시려고 하셨다.
"아저씨 그래도 안 주셔도 됩니다." 했지만 아저씨께서는 내 자전거의 앞 보조가방의 지퍼를 열고 10,000 투그릭을 접어서 넣어주셨다.
"그런데요…아저씨! 저 개가 계속 따라오는데요. 어떻게 해요?"

아저씨께서는 "친구? 친구야?" 라고 물어보셨고 "네? 설마요? 여기서 따라온 놈인데요"
그러자 아저씨께서는 "그럼 친구네! 친구가 맞네!"라고 하시면서 같이 가면 안전할 거라고 재밌을 거라고 하셨고 이 녀석은 고기만 먹는다고도 알려주셨다.

"아! 저는 지금 일주일 동안 라면과 빵만 먹는데요…."

그래서 선택한 이 녀석의 식량은 무게대비 최악이며 가격대비 최악이라는 양고기 통조림을 선택했고 한 번도 사용하지 않은 중국산 락앤락 통이 이 녀석의 밥그릇이 되었다.

근데 널 뭐라고 부를까?
샤인샌드에서 만났으니 '샤인' 어때?

아! 이날은 정말 더웠는데 나보다 이 녀석이 더 힘들어했다.
에이~그래도 너무한다. 혼자 들어가서 쉬니까 좋냐? 이 녀석은 도로 밑 배수로에 들어가서 혼자 더위를 식히곤 했다.

그럼 이제 제대로 한 번 달려볼까?
"친구야~니 내랑 같이 몽골 접수할래?"

"샤인~샤인~~"
아무리 불러도 저 녀석은 대답이 없네. 부르기도 힘들었기에 이름을 바꿀까?
결국, '세인트'라고 이름을 다시 지었다. 사실 이 세인트라는 이름은 GPS의 지도 명으로 봤을 때 샤인샌드가 영문으로 'Saint shand' 라고 나와 있었기에 'Saint' 라고 이름을 지었고 그렇게 불렀는데 나중에 알고 보니 't'가 없네. 실제 지명은 'Sain shand'이다. 이 사실을 한참 나중에 알았는데 어쨌든, 멋진 이름이다. 후훗!
"세인트~세인트~~"

아! 깜짝이야! 세인트! 깜빡이 좀 켜고 들어오렴!

다시 샤인샌드의 문에 왔다.
도대체 이 문을 몇 번 지나가는 거지?
첫날 도착해서 한 번
다음 날 출발할 때 두 번
돌아올 때 세 번
다시 온 지금 네 번
참 익숙해져 버린 곳이다.

정말 지쳐있던 세인트는 두더지 구멍이 보이면 갑자기 뛰어가서 파기 시작하는데 너 그렇게 파는데 너무 비효율적인 거 아니냐? 그 안에 뭐 있기는 있냐? 한 번도 뭘 건져내는 걸 못 봤다.

세인트는 다른 개들과는 다르게 일단 지저분하고 늙었고 뒷다리도 절뚝거리는데 도베르만으로 보이는 게르의 개들을 전부 짖어서 쫓아내며 소가 열 마리가 있어도 말이 스무 마리가 있어도 앞에 보이면 달려가서 쫓아내는 배짱 있는 녀석이다.

"세인트~삽질 그만하고 이제 가자!"

계속 달리는데 세인트가 너무 힘들어한다. 동물이동통로가 보이면 텐트를 치려고 했는데 앞에 마을이 보인다. 아! 마을이라고 하기엔 너무 작은 곳인데….

다섯 채 정도의 집이 있는 진짜 작은 마을이다.

'오~세인트 의외로 인기 있네.'

근데 너 성인(聖人)? 아니 성견(聖犬)이냐?

개 답지 않게 지조를 지키기는?

마을의 놀이터에 왔고 여기서 숨고르기를 하는데 두 친구가 왔다.

"아! 안녕! 친구들~난 한국인이고 자전거로 여행하는 중이야!"
"혹시 여기 텐트 가능하냐?"

이거 왠지 몽골 씨름 한 판하고, 농구 한게임 할 분위긴데?

위험한 몽골!

◇◇◇

텐트를 치고 이 친구들과 노는데 잠시 후 다른 친구들과 마을의 반장님과 그리고 '한국사람'이라 불리는 친구까지 왔다. 다른 친구들이 계속 "한국사람~한국사람"하던데 교환학생으로 우리나라에 왔었다고 하네! 이 친구는 아주 짧은 우리말을 구사했지만 대화하기엔 큰 문제가 없었고 '한국사람'이라는 친구가 내 손을 잡고 자기 집에 놀러 가자고 하길래 "응? 그럴까?" 하며 따라왔다. 전자레인지는 '삼성'이고 냉장고는 '대우' 제품이다. 집은 원룸 구조인데 어지러져 있는 리얼한 방안이었다.
"괜찮아~내 방도이래!"
이 친구가 냉장고에서 음식을 꺼내며 하나씩 소개해주는데 나중에 저녁에 같이 먹자고 한다.
"하하하 굿! 좋아!!"

다시 놀이터에 왔는데 동네 친구들이 전부 청소를 하고 있다. 마을의 반장님께서 화가 나셨다고 하는데 아마 추측하건대 놀이터에 내가 텐트를 쳤고 이 놀이터에 유리조각과 쓰레기가 많아서 이 무슨 창피냐? 하며 혼을 냈던 것 같다. 이거 왠지 나 때문에 이런 거겠지 하며 이 친구들한테 미안했고 결국, 누구보다 열심히 청소를 도왔다. '한국사람'이라 불리는 이 친구는 나에게 계속 안 해도 된다고 쉬라고 했지만

"그건 아니지~내가 또 특기가 청소거든~"
놀이터는 어느 정도 깨끗해졌고 미끄럼틀을 타며 쉬는데 동네 친구들이 다 모였다고 함께 가자고 해서 두둥!!! 머릿속엔 음악이 흘러나오고(우~우~풍문으로 들었소~♪♪♪)

'그래 그래! 농구 한 판해야지~'
여자분과 교체해서 들어갔는데 애들이 왜 이리 빠르냐? 어시스트 몇 개 하긴 했지만 수비하다가 오른손목을 삐었고 얼마 지나지 않아 다시 교체해서 나왔다.

어두워 질 때쯤 다시 '한국사람' 집에 왔고 함께 밥을 먹는데 친구가 건넨 양고기는 정말 맛있다. 이 친구의 누나가 우리나라에서 일하고 있다는데… "음… 누나 예쁘냐?"
서로 고기를 한 점씩 먹고 마늘도 잘라서 먹었다. 잠시 후 이 친구가 "소주 없어~김치 있어" 하더니 옆집에서 얻어온 몽골 스타일 김치를 들고왔는데 "오오~맛있는데?"
식사가 끝난 후 이 친구는 나에게 전통 의상 쇼를 보여주고 페이스북 사진도 보여주었다.

친구는 92년생인데 결혼을 했고 아기도 있는데 이 친구의 와이프에게 두 번째 팔찌를 선물했다. 그리고 완전히 어두워졌을 무렵 동네 친구들이 '한국사람'의 집 앞에 전부 모였고 태권도를 보여달라길래 기합만 큰 소리로 냈는데도 친구들이 박수를 쳤다. 하하

그리도 또 몽골 씨름 한 판 하자고? 푸하핫! 애들이 봐주면서 했나? 전부 다 눕혀버렸다.

아무튼, 덕분에 오늘 하루 정말 재밌게 놀았다.

작은 마을이나 게르엔 농구 골대가 있었는데
이 농구 골대 하나면 하루를 즐겁게 보낼 수 있지!

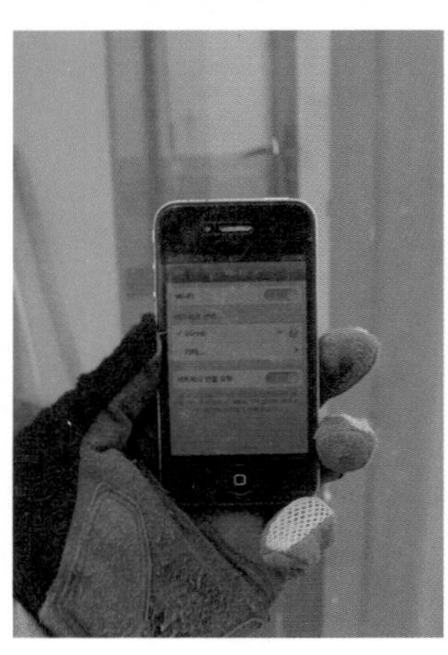

이 건물에 '와이파이'가 된다는 이야기를 듣고 '에이 설마?' 농담이지 했었는데 헉! 진짜 된다! '와이파이'가 된 덕분에 오랜만에 조카 사진을 원없이 봤다.

"야! 세인트~ 오잉? 너 드디어 뭘? 건져냈구나!"
근데 냄새만 맡고 먹지도 않고?
거봐! 내가 비효율적이라고 했잖아? 그게 뭐냐?

마을 사람들은 전부
여기 철도 공사 일을 한다고 했다.

친구야~덕분에 맛있는 음식도 먹고 재밌게 잘 놀았다! 나중에 또 못 보겠지만, 아무튼 잘 지내라~아기도 잘 키우고~마누라 속은 그만 썩이고~푸힛!

마을을 벗어나는데 세인트는 역시 말이 보이면 돌격해서 전부 쫓아내고 아! 또 땅을 파기 시작했네!

앞에 있는 까마귀들을 다 잡을 기세닷!

얼마나 달렸을까? 두둥!
깨끗한 아스팔트를 만났고 난 아스팔트로~세인트는 흙길로~ 우린 계속 함께 달렸다.

몽골이 위험하다고?
글쎄? 아직까지 몽골이 위험한지는 모르겠다!

! = 위험이라는 표시

염소 치기 청년

◇◇◇

세인트에게 우측통행을 가르쳐주기로 했고 나름대로 열심히 훈련 시켰다. 한 번씩 차가 지나가면 세인트는 피하지 않고 오히려 나를 보호하려는 듯 내 자전거의 왼편에 딱 붙어서 달리는데 그럴 때마다 나는 자전거를 멈춰 세운 후 세인트를 다시 오른쪽으로 밀어 넣으며 달렸다. 서로 우측으로 밀어 넣기는 우리가 함께 여행하는 동안 계속 반복되었다.

휴식시간 또한 세인트의 체력에 맞춰서 쉬었는데

"응? 쉬고 싶다고?"
중국인의 공사 차량인 듯한데 라디오 방송이 중국어로 흘러나왔고 우린 여기 그늘에 앉아서 한참을 쉬었다.

"응? 다시 가자고?"
"그래 그래"

저 앞에 패니어를 장착한 자전거가 보인다. 내 시력은 몽골인과 같은 4.0은 아니지만 분명히 자전거여행자다. 그것도 두 명이다!

"굿텐탁 ~ 젊은이 ~"
독일에서 온 이 두 분은 러시아를 거쳐서 왔고 중국까지 달릴 계획이라고 하셨다. 우리는 정보를 교환하며 서로의 여행이야기도 나눴다.

여행 중엔 '나이가 몇 살이고, 직업이 뭐고, 결혼은 했는지'와 같은 질문을 받는 일은 그리 많지 않다.

아무쪼록 좋은 여행 하세요~저 독일에 꼭 갈게요~
다음엔 우리나라에도 놀러 오세요~

"니 하오~니 하오~" 서로 인사만 열 번은 넘게 했을 듯하다. 오랜만에 만난 중국인은 정말 반가웠고 중국을 지나오면서 백번 넘게 들었던 "자전거 얼마?"라는 질문을 오랜만에 받기도 했다.

왠지 와이파이가 터질 것 같은
몽골의 구름!

참 아름다운 곳이다.

아! 세인트의 머리 때문에 NG!!!

세인트 잠시만 나와봐~~
에잇! 이렇게 찍으면 되지롱~

세인트의 속도에 맞추기 위해 자전거에서 내려 끌고 가기도 하고 함께 물을 마셔야 하기에 평소에 마시던 물의 양을 반으로 줄였다.

세인트는 과연 무슨 생각을 하며 달리는 걸까?
세인트는 왜 이 고생을 나와 함께하는 걸까?

출발할 때 준비해 온 모기 기피 스프레이와 드라이 샴푸 스프레이다. 왜 들고 왔을까? 했는데 세인트한테 쓰일지는 몰랐네. 모기 기피 스프레이는 세인트를 따라다니는 파리를 쫓아내고 드라이 샴푸 스프레이는 세인트 머리를 감기는데 요긴하게 쓰고 있다.

엇! 앞에 목동인가? 한 남자가 와서 날 신기하게 쳐다보고 엇! "안녕? 응? 놀러 오라고?" 두 친구가 날 반겨줬고 목동 친구들은 날 부를 때나 질문을 할 때도 예의를 지키며 조심스럽게 이야기했다. 함께 잡지를 보면서 이야기하는데 이 친구들은 우리나라 배우와 가수를 나보다 더 잘 알고 있다. 목동 친구들은 360마리의 염소를 키운다는데 "우와~많구나!"라고 감탄하니 보통 1,000마리는 보유한다고 자기들은 작은 거라고 했다.

세인트에게 일어나기 훈련을 시키는 친구! 세인트는 유난히도 이 친구를 잘 따랐다.

친구들이 계속 텐트 안에서 자고 가라는데….
“응? 같이?” “하하 나 텐트 있어~”
그래서 이렇게 목동 친구들의 텐트 옆에 나도 텐트를 쳤다.

텐트 색깔과
노을 색이 깔맞춤이다!

손발전기 랜턴을 열심히 돌리니 불이 짜잔~!

염소가 오면 세인트가 덤빌 수 있다고 세인트를 묶었다. "아이고~우리 세인트 조금만 참자." 풀이 죽은 세인트는 날 보며 불안해했는데 "괜찮아~괜찮아~" 내가 옆에 있잖아.
한 친구는 밥을 하고 또 다른 친구는 염소를 몰고 왔다.

정말 잘 들이대는 염소들은 계속해서 텐트로 다가오는데 쪽수가 많아서 그런지 단결된 모습으로 텐트를 향해 돌진했다. 난 이 친구와 함께 "훠이~훠이~"하며 염소가 못 오게 막고 있는 중 염소들이 사방에서 들이대는 순간에 내가 놀라서 소리를 지르니 세인트가 목줄을 풀고 내 앞으로 달려왔다. 아이고~세인트는 아마도 내가 위험하다고 생각했나 보다. 할 수 없이 난 그냥 세인트를 지키기로 했다.

즉석에서 반죽한 쫄깃한 면과 감자 그리고 염소고기를 정말 맛있게 먹었다. 아! 세인트도 두 그릇이나 먹었다는~
그리고 밝은 달이 뜨고 무수히도 많은 별이 반짝일 때 이 친구들에게 진지하게 물어봤다.

"너희 혹시 개 키워볼래?"

연가(戀歌)

◇◇◇

세인트를 처음 만난 날에 날 따라올 땐 '이놈은 정말 빠르구나!' '체력도 짱이구나!' 생각했었는데 계속 함께 달리다 보니 세인트가 너무 힘들어한다. 그래서 좋은 사람을 만나면 세인트를 맡겨야겠다고 생각했고 마침내 만난 순수한 목동 친구들을 보며 '너희라면 세인트를 충분히 잘 키워줄 수 있겠지?'라는 생각을 가졌다. 이 친구들에게 진지하게 이야기를 했고 친구들은 생각할 시간을 달라고 했다.

세인트에게 마지막 남은 양고기 통조림을 먹였고 밤새 고민을 한 듯한 두 친구는 아직도 확실히 결정을 못 한 듯했다. 아무래도 염소가 있으니 세인트가 덤벼들 것 같다고 하는데 결국, 밤에 잘 때는 세인트를 묶어두기로 하고 이 친구들은 세인트와 함께 지내기로 했다. '그래! 너희라면 충분히 함께 지낼 수 있을 거야!' 이 넓은 곳에서 세인트는 맘껏 뛰어놀 수도 있겠지. 친구들에게 세 번째, 네 번째 팔찌를 선물한 후 깊은 포옹으로 고마움을 전했다.

'간바트, 나른벌트! 세인트를 잘 부탁해!'

세인트는 우리가 헤어지는 걸 이미 알고 있는지 몇 번을 크게 짖기도 하고 슬퍼하기도 한 것 같다. 개는 좋았던 일만 기억한다고 한다. '부디 우리 함께 좋았던 추억만 생각해.' '나도 꼭 그럴 테니까….'

세인트 물통을 여기에 두고 갈게. 물도 잘 챙겨주고~

세인트를 뒤로한 채 가는데 세인트는 금세 목줄을 풀고 날 따라왔고 다시 세인트를 데리고 와서 "줄을 조금 더 꽉 묶어서 세인트를 안고 있어봐." "내가 안 보일 때까지만 꼭 안고 있어줘."라고 간바트에게 부탁을 했고 난 다시 세인트를 뒤로한 채 달려 나왔다.

세인트가 울며 짖는 소리에 다시 뒤돌아보게 되고 나도 모르게 눈물이 흘렀다. 흐르는 눈물을 닦고 닦아내도 '주르륵주르륵' 눈물샘에 구멍이 뚫린 듯 계속 눈물이 흘렀다. 헤어짐이 이렇게 힘든 것이었나? 누구나 만나고 헤어지는데 난 왜 이렇게 헤어짐에 익숙하지 못한 것인지…

세인트와 함께 지냈던 날들은 내 인생에서 무엇과도 바꿀 수 없는 소중한 추억이 되었고
그에게 자주 불러줬던 노래 '연가(戀歌)'를 부르면서 우린 점점 멀어져 갔다.

Gobi Des. 戈壁沙漠 ▲
세인트

연가戀歌

비바람이 치던 사막

잔잔해져 오면

오늘 세인트 오시려나

저 사막 건너서

저 하늘에 반짝이는

별빛도 아름답지만

사랑스런 세인트 눈은

더욱 아름다워라

세인트만을 기다리리

내사랑 영원히 기다리리

세인트만을 기다리리

내사랑 영원히 기다리리

누구에게나 찾아오는 이별이고, 언제든지 겪게 되는 아픔이지만 항상 그렇듯이 헤어짐은 힘들고 낯설다.

세인트와의 대화 중에 내 말에 호응이라도 하는 듯이 가끔 고개를 끄덕이는데 이럴 때면 친한 친구보다 더 말이 잘 통하는 느낌이었다.

세인트와 함께

◇◇◇

여러 번 들었던 질문이기도 한데 '이번 여행에서 가장 크게 기억 남는 게 뭐냐고?'
아마 단 1초도 망설이지 않고 대답할 수 있을 것이다. 바로 '세인트를 만난 것'이라고….

세인트는 물을 정말 좋아하는데 지나가다 만나는 물웅덩이에서 족욕을 즐기며 반신욕을 하기도 했다. 무엇보다 세인트의 주특기는 바로 '개헤엄'인데 물이 보이면 물불 안 가리고 뛰어들어가 버린다.

세인트가 나보다 먼저 달려가는 세 가지의 경우가 있는데 출발할 때, 물이 있을 때, 그리고 앞에 동물이 있을 때다. 말을 몰아낸 세인트는 내가 칭찬해주길 기다리기도 했다. 분명히 혼자 출발한 여행인데 이상한 녀석을 만났다. 땅을 파기 좋아하고 저돌적인 녀석! 이 녀석을 세인트라고 부르기로 했고 우린 친구가 되어서 함께 달렸다. 그러나 너무 지쳐하는 모습에 목동에게 세인트를 부탁했고 슬픔을 뒤로한 채 좋았던 기억만 간직한 채 그렇게 멀어졌는데 함께 할 운명인가? 우리는 다시 만났다. 분명히 혼자 출발한 여행인데….

지금 나는
세인트와 함께 달리고 있다.

어디를? 얼마나?
달리는 여행보다
가장 큰 기쁨의 여행은
누구랑 함께 하느냐는 것이다.

물 만난 세인트

◇◇◇

세인트와 멀어지며 엄청나게 울었다. 그러나 내 눈물이 마르기도 전에 우린 다시 만났다. 나를 향해 달려온 세인트는 나를 계속 끌어안으며 울며 짖는데

"야! 너 도대체 어떻게 온 거야?" 잠시 후 목동 친구가 왔고 세인트는 이 친구의 팔을 깨물고 목줄을 풀고 도망갔다고 한다. 아! 목동의 팔을 확인한 후 계속 미안하다고 사과했는데 목동은 괜찮다며 오히려 나에게 세인트를 꽉 잡고 있지 못해서 미안하다고 했다. '우린 함께 가야 할 운명인가?'

이때 맞은편에서 오던 봉고차가 빵빵거리며 차를 세웠는데 '엥? 누구?' 엇! 이분은 '헉!' 샤인샌드에서 만났던 몽골 대조영 아저씨다! 목동 친구와 몽골 대조영 아저씨는 원래부터 아는 사이라는데 날 보고 반가워한 몽골 대조영 아저씨는 나에게 계속 보드카를 건넸다. 아침부터 보드카라니 대단한 몽골 사람들이다. 하하
몽골 대조영 아저씨랑 친구분께서는 여기까지 세인트랑 함께 왔다는 걸 놀라워하셨고 헤어지지 말고 계속 함께하라고 응원해주셨다.

'그래! 세인트! 어디 한 번 가보자!' '끝까지 함께 달려보자!' 하며 다시 세인트와 함께 달리는데 아스팔트 포장 공사 중이라 막혀있는 길이 나왔고 오랜만에 흙길로 돌아와서 열심히 자전거를 끌고 갔다. 세인트는 오늘따라 유난히 기분이 좋은지 여기저기를 뛰어다니며 여전히 두더지 구멍을 찾으러 다녔고 그러다가 처음으로 고여있는 물을 만난 세인트는 쏜살같이 물속을 뛰어들어가서 족욕을 하며 건강을 챙기기도 했다.

"아이고~세수도 좀 하지!"

다시 아스팔트에 왔는데 공사 중인 중국인들은 세인트를 보고 놀라워하고 네팔인 공사 책임자와 중국인 직원들은 인터뷰하듯이 사진을 계속 찍으며 질문을 백 개씩 하기도 했다.

아! 근데 남아있는 물과 식량으로는 다음 도시까지 오늘 안에 가야 하는데 속도가 느린 세인트와 어떻게 하면 함께 빨리 달릴 수 있을까? 고민한 결과 3개의 패니어에 모든 짐을 넣고 하나의 패니어에 공간을 만들었다. 세인트를 패니어 안에 넣을 생각이었는데 이 계획은 시도한 지 3초 만에 실패하고 말았다.

'세인트는 생각보다 엄청나게 크구나! 그리고 넌 몇 킬로냐?' 들다가 허리 부러지는 줄 알았네.

"엇! 안녕!" "우와! 넌 좀 멋진데?" 말을 탄 목동을 만났고 이 친구는 나에게 말을 타보라고 했는데 "아! 안돼!" 예전에 제주도에서 말을 탄 적이 있었는데 말이 눈물을 글썽이며 힘들어하던 모습을 봤기에 다시는 말을 타지 말자고 다짐했었다.

세인트의 주특기는 바로 '개헤엄'인데 물이 보이면 물불 안 가리고 뛰어들어가 버린다. 세인트가 물놀이를 얼마나 좋아하느냐면 내가 가자고 부르면 눈치를 보며 버티고 투정을 부리기도 했다. 한참을 물에 있다가 나온 세인트는 더위를 식혔는지 조금 더 잘 달리는 것 같다.

하늘 아래에 땅 위의 자전거….
내 눈에는 이보다 더 아름다운 장면은 없을 듯하다.
아! 세인트가 빠졌군! 세인트와 함께하기에
더 아름다운 곳이며 즐거운 여행이다.

오랜만에 진지했는데 세인트는 또 땅 파고 있네~

여긴 전용 목욕탕인 듯….
황토탕에서 반신욕 하는 세인트!

물속에서 한참을 쉬어서 그런가? 피로가 풀렸나? 세인트는 갑자기 달리기 시작하는데 우측 좌측 살펴본 뒤 돌격해서 말을 다 반대편으로 몰아내곤 내가 칭찬해주기를 기다렸다. "세인트~잘했어~이제 가자! 얼른 와~"

"이야~너 오늘 그냥 살이 팅팅 붓겠구만~" 물만 보이면 들어가는 세인트는 왠지 전생에 물고기였을 듯하다.

세인트와 함께 달려서 어느 마을에 도착했다. 근데 우리동네보다 작은 마을이었기에 식량만 구매한 채 곧바로 뒷동산에 올라왔다.

"세인트! 피곤해?"
하긴 네가 안 피곤하면 그게 더 이상하지.
아후~바로 뻗었네.

오늘 하루 세인트는 엄청나게 많은 물을 만났고 나는 내 친구 세인트를 다시 만났다. 사람을 피해서 온 고비사막인데 여기에서 가장 큰 '인연'을 만났다.

흥미진진한 막장 드라마보다 엄청나게 긴박한 반전 영화보다 가장 큰 재미는 시나리오 없는 '여행'이 아닐까?

◇◇◇

세인트가 밤새 계속 짖길래 텐트 밖을 나가서 달래고 들어오길 몇 번이나 반복했다. 도대체 무얼 보고 그렇게 짖는지 허공을 향해 짖는 모습이 마치 늑대가 우는 듯한 모습이었다. 한참 나중에 알았는데 여기가 실제로 늑대 출몰지역이었다고 한다. 만약에 혼자였다면 여기서 야영하지는 않았겠지만, 아무튼 만약에 늑대에게서 날 지킨 거라면 '넌 참 대단하다!'

아침엔 뭐니뭐니해도 꽃구경이지~ '음~상큼하군!'

바람을 조금이나마 막을 수 있는 곳이라 생각했었는데 지금 보니 조금 위험한 것 같기도 한 야영 장소였다.

'까악~오아시스다!'

바람을 피해 바위틈에 짱박힌 세인트는 오늘따라 유난히 피곤해 보이는데 '오늘 하루 휴식할까?' 난 분명히 혼자 생각만 했는데 세인트는 슬금슬금 내 앞에 오더니 떡하니 앉아버린다.

이거 왠지 오늘 하루 쉬자고 버티는 듯한데? 풋! "오케이~오늘 하루 휴식~하자!" 그러고 보니 몽골에 와서 고비를 지나면서 처음으로 휴식하는구나!

언제 이렇게 누워서
하늘을 본 적이 있었나?

어렸을 땐 날아가는 새가 가장 부러웠고
'나는 언제쯤 날 수 있을까?'라는 생각을 했었다.
사실 아직도 가끔은 하늘을 나는 꿈을 꾸기도 한다.

저것은 '사막의 배'라고 불리는 그 유명한 '쌍.봉.낙.타!' '우와! 도대체 몇 마리냐?'
후다닥 뛰어가서 몽골의 쌍봉낙타를 구경했다.

쌍봉낙타는 전생에 무슨 죄를 지었는지
두 개의 큰 짐을 지니고 살아가는구나!

다시 올라와서 쉬다가 아침밥(나는 빵, 세인트는 양고기 통조림)을 먹었고 밥을 먹은 후에 세인트는 바로 그늘을 찾아 텐트 밑에 들어가 버렸다.

"세인트~너무 덥지? 이제 수영하러 갈까?"

Gobi Des. 戈壁沙漠 ▲
세인트

"고고고 무브무브" 세인트와 바로 달려왔다. 다이빙해서 뛰어들어간 세인트는 앞으로 돌격했고 말 근처로 가서 말을 살짝 물기도 하고 개헤엄의 진수를 보여주며 물놀이를 즐겼다.

세인트는 오아시스의 근처를 맴돌며 계속 영역표시를 했다.
윽…. 여기서도 영역표시…. 짜잔~!

땅 파기는 세인트의 본능인가?
세인트 발자국 귀엽네!

"뜨악! 삐뽀~삐뽀~세인트~대피하자!"
해골이 된 '말.대.가.리'를 발견했다.
여긴 무서운 곳이다. 빨리 도망가자~

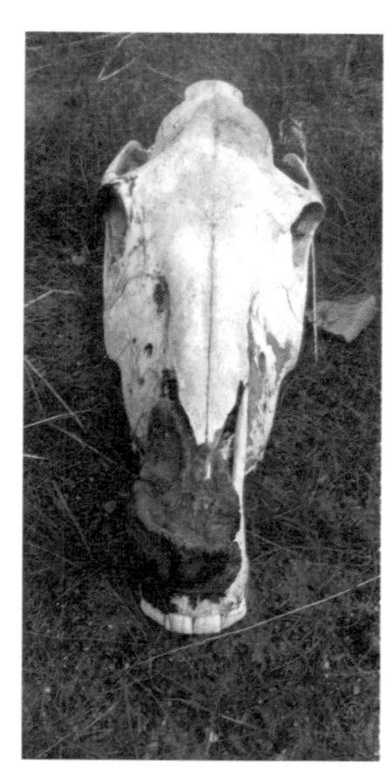

텐트가 어디 있는지 보이지도 않네. 한참을 올라가서 다시 베이스캠프에 돌아왔다.

세인트는 물에만 들어갔다가 나오면
힘이 생기는 듯? 한참을 더 뛰어놀았다.

항상 함께 다니는 해와 구름같이
우리도 계속 함께 가야지? 응?

구름 속의 산책

◇◇◇

아침에 일어나서 텐트를 걷을 때면 세인트는 항상 긴장하며 '아! 오늘도 달려야 하나? 이것 참 귀찮구만…'하는 표정으로 나를 바라봤다.

"야~세인트~거기 있는 거 알고 있어!" 그늘의 보호색에 숨어봤자 소용없어! 너무 티-난-다-!

하루 푹 쉬었으니 힘내서 출발하자! 울퉁불퉁 길을 쑥쑥 달려서 다시 오아시스에 왔고 세인트는 일단 모닝 땅을 판 후에 물 위를 뛰어다니는데… '우왓~세인트가 저렇게 빨랐다니…' 아침은 간단하게 발만 담그는 족욕으로~
엇! 양이랑 염소랑 쪽수가 많다. 어떻게 될지 모르니까 일단 덤비지 말자~

계속 "쫑~쫑~쫑~"부르면서 옆에 있으면 세인트는 나에게서 멀리 떨어지진 않았다. 세인트는 아침부터 땅파기 + 수영 = 2종 취미를 즐긴 후 야영했던 장소를 뒤로한 채
"자~이제 가볼까~"

"우와! 구름으로
미끄럼틀 탈 수 있을 것 같은데?"

세인트는 물을 보고 갑자기 좌측으로 달려가 버렸다.
이럴 때 나는 "세인트~안으로~~"라고 소리치는데 그럼 곧 다시 안으로 우측으로 넘어온다. 하루를 휴식했던 세인트는 정말 빠르게 달렸다.

"엇! 안녕하세요~하하"
"무슨 일 있으세요?"
타이어에 펑크가 났는데? 다 고쳤다고요?
"네··· 하하 다행이군요~"

아저씨께서는 내가 중국에서부터 왔다는 이야기를 믿지 않으셨고 아주머니 역시 세인트랑 함께 여행하는 것도 믿지 않으셨다. 하하 꼬마는 믿겠지? 후후
스패너 두 개를 들고 내 자전거를 고치려고 하던 정말 귀염둥이~아이! 스패너 아이에게 다섯 번째 팔찌를 선물했다.

세인트의 수영 시간은 그냥 시도때도없으며 물이 있으면 거긴 그냥 전용 수영장이라고 보면 되는데 세인트가 물에 들어가면 난 밖에서 휴식을 취했고 '음… 나도 언젠가 한 번은 뛰어들어가야지.'라고 생각했던 것 같다. 수영이 끝나면 모래에 누워 일광욕으로 마무리하는데 '음… 너무 더러워졌는데?' 이래서 어디 암컷이 꼬이겠냐? "세인트~ 한 번 더 갔다 와~"

"자~이제 모래에 뒹굴지 말고 바로 가자~고고"

이런 하늘을 실제로는 처음 봤다. 이 무슨 구름 모양이지? "세인트~ 여기서 좀 쉬어가자!" 하늘이 장난 아니게 예쁘다.

아름다운 구름 아래에서 산책하는 세인트!

계속 하늘만 보며 달려서 작은 마을에 왔고 여기에서 숙소를 잡아야 하는데 근데 GPS 지도를 봤을 땐 분명히 호텔이 있었는데 아무리 찾아봐도 마을을 뒤져봐도 아무것도 없다. 이거 참 큰일이다. 내 전자기기 중에 유일하게 태양광으로 충전을 못 하는 게 사진기 배터리인데 이제 남은 예비배터리가 없다.

메마른 땅

◇◇◇

호텔을 찾아 마을을 샅샅이 뒤지며 두 바퀴째 돌았고 '에잇! 여기엔 호텔이 있을만한 곳이 아니구나! 그냥 가자.' 하며 마을을 벗어나려는 중 한 아저씨께서 나를 붙잡았다. 그는 약간 비틀거리며 "뭐라 뭐라" "쏴알랑 쏴알랑" 말투도 무섭고 억양도 겁났는데 세인트를 가리키며 뭐라고도 했기에 긴장하며 몸으로 얘기했는데 내가 한국인이라

고 하자 그는 갑자기 얼굴에 환한 미소와 함께 악수하려 하고 부둥켜안으려 했다. '엥? 아저씨! 혹시 한류의 광팬?' 아저씨께서 따라오라고 집으로 가자고 해서 일단 따라갔는데 알고 보니 아저씨의 친누님께서 우리나라에서 일했었고 그냥 낮술을 마시며 동네를 지나가던 아저씨께서는 자전거를 탄 나에게 술주정을 부렸는데 알고 보니 난 한국인이고? 대충 이런 스토리로 이상하게 초대를 받아서 왔다. 근데 여긴 아저씨의 집은 아니었고 아저씨 누님의 집이었다. 집 마당 한쪽에는 울타리를 쳐놓고 소와 양을 키운다고 하셨다.

집안에 들어가자마자 주신 요거트! 아! 밥도 챙겨주셨다. 정말 감사히 잘 먹었습니다.

곧 아저씨의 누님께서 오셨고 아주머니께서는 우리나라 파주의 유리 공장에서 5년간 일을 했었다는데 정말 한국이 그립다고 하셨고 몽골에 다시 돌아와서 처음 만난 한국인이라고 나를 엄청나게 반겨주셨다. 아주머니께서는 내가 지낼 곳을 알아봐 주셨는데 여기저기 전화를 하더니 지낼 곳이 있다고 함께 가자고 하셨다.

'오잉? 여기요?' '두둥!'

기차역 앞에 있는 곳인데 여기가 여관인지 아니면 역무원이 머무는 곳인지는 모르겠지만 "아무튼, 괜찮네요." 저는 뭐 충전만 빵빵하게 하면 됩니다.

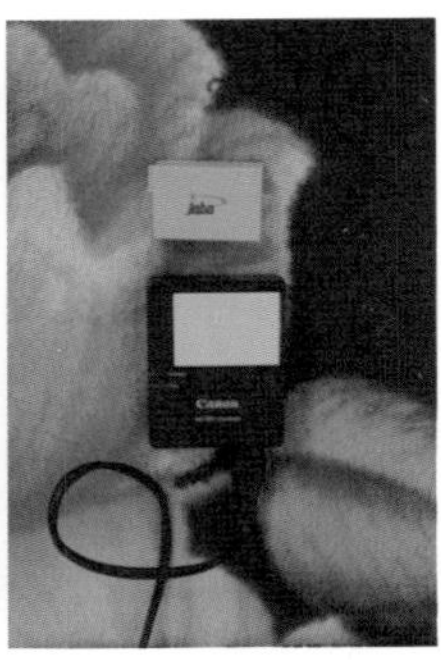

전기의 소중함은 잘 모르고 살았었는데 음… 얼마나 소중한지 지금에서야 조금이나마 깨달았다. 총 4개의 사진기 배터리를 빨리~빨리~충전시켜줘~잉

오오~세면대도 있다. 옆에 물통에 아주 약간 물이 있는데 그 물이 내가 쓸 수 있는 물이다. 평소에 물을 아껴쓴다고 생각했었는데 몽골에 와서 고비를 지나면서 느꼈다. '물은 생명이 맞구나!' 얼마 만에 세수했는지 모르겠지만, 아무튼 물은 확실히 소중하다!

이것저것 하나하나 다 알려주시고 신경 써주신 아주머니!
파주 아주머니께 여섯 번째 팔찌를 선물했다.

슈퍼가 문 닫기 전에 장을 보고 왔는데 세인트는 슈퍼 안까지 따라와서 날 곤란하게 하기도 했다. 세인트는 내가 어디로 떠나는지 알고 겁먹은 표정으로 날 바라보기도 했는데 "나 어디 안 가~자나~자나~ 여기 있잖나~"
잠시 후 방에 들어온 사이에 세인트는 동네 개들과 함께 놀러 가버렸다.

밤 9시쯤이었다. 문을 '쿵쿵쿵' 두드리며 두 남자가 방을 습격했다. 레슬링선수 같은 덩치의 두 남자는 다짜고짜 방에 들어와서 슈퍼에서 사온 물을 손가락으로 가리키며 달라고 했다. '엥? 몽골에선 돈이 아니라 물을 훔쳐가나?' 난 침착하게 물을 건넸고 '벌컥벌컥' 물을 마신 아저씨께서는 나를 보며 이상한 웃음을 짓기도 했는데 '아! 이거 위험할 수도 있겠구나!' 생각했고 방에서 나가지 않고 방 주위와 내 짐을 살펴보는 아저씨의 눈동자를 포착한 나는 그대로 앞에 있던 아저씨의 손목을 잡고 비틀어 꺾었다. 아저씨는 소리를 지르며 화를 내는데 나로서는 위협을 당할 수도 있는 상황이기에 먼저 대처를 했던 것 같다. 손목을 꺾은 아저씨를 방패 삼아 다른 아저씨도 뒤로 밀어내고 문밖으로 두 남자를 쫓아 보낸 후 멀어지는 두 사람을 확인한 후에야 안도의 한숨을 쉬었다. 지금 생각해보면 그냥 목이 말라서 물을 얻으러 온 사내들일 수도 있을 거로 생각했지만, 이 당시엔

나는 위협을 느꼈고 세인트 또한 내가 '씩씩'거리는 모습을 본 후부터 두 사람을 향해 크게 짖었다. 사실 나도 많이 겁을 먹었고 '벌벌' 떨기도 했지만 만약에 아저씨의 손목을 꺾어 내쫓지 않았다면 지금 난 이 글을 쓸 수 있을까? 라는 생각도 가끔 해본다. 항상 여행 중엔 좋은 사람을 만난다고 생각했는데 역시 세상은 그렇지 않고 어딜 가나 별의별 사람이 다 있는 것 같다. 결론적으로 나는 멀쩡했지만, 습격을 받은 후 밤새도록 깊게 잠이 들지 못했다.

새벽 4시부터 짐을 정리해놓고 어젯밤의 위협에 겁을 먹었을까? 빨리 이동하기로 했다.
세인트는 방의 창문 밑에 자리 잡고 있는데 세인트 또한 깊게 잠을 자지 못한 듯 너무 피곤해 보였기에 세인트 옆에 앉아서 세인트를 조금 더 재운 후 해가 뜨기를 기다렸다.

"너도 그렇지만 나도 너무 피곤하네."
오랜만에 만난 동물 이동통로는 최고의 휴식처이다.

아! 아저씨! 바람 좀 막으면서 갈게요! 전문용어로 슬립 스트림 (일명 : 피빨기) 이라고 하는데 뒤에 붙어서 달리면 바람의 저항을 막을 수 있기에 조금이나마 쉽게 달릴 수 있었다.

근데 얼마나 달렸을까? 세인트가 앞에 차를 제쳐버리고 달렸다. 할 수 없이 나도 그냥 정정당당하게 달리기로 했다.

아직 곳곳에 막혀있는 길이 나오기에 할 수 없이 모랫길로 가기도 했다. 모랫길을 달릴 때면 세인트가 나보다 훨씬 빠르기에 빈둥거리며 자유시간을 가지기도 했고 한참 만에 올라온 아스팔트지만 또 막혀 있어서 다시 또 모랫길로 내려가서 달렸다.

지쳐있는 나보다 먼저 달려간 세인트….
"야~세인트~왜 저렇게 빠르냐~ 좀 기다려줘~같이~가자고~"

유일한 그늘이자 휴식공간인데 내려와서 쉬고 다시 올라가기는 힘들다.

달리다가 세인트가 옆을 쳐다보면
양과 염소가 있을 거라고 안 봐도 알 수 있다.

오늘따라 계속 오르막이다.

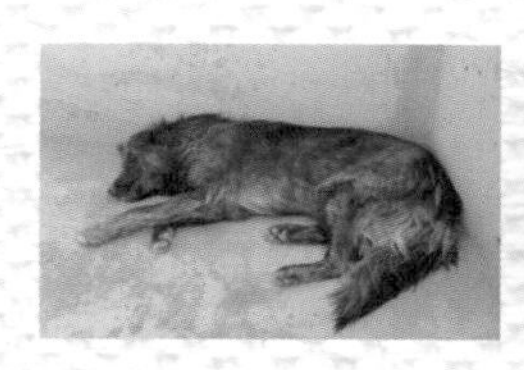

초반에 너무 빨리 달려서 페이스 조절에 실패한 세인트는 벌써 뻗어버렸고 바람도 무지하게 불기에 할 수 없이 도로 밑 배수로 앞에 야영하기로 했다.

텐트를 치고 나면 세인트는 다시 활력을 찾는데? "이런 요~물~"
"나를 들었다 놨다 하다니~"
세인트와 '나 잡아봐라~'놀이를 할 때가 가장 즐거운 시간이다.

'메마른 땅'
오늘은 세인트가 수영할 물을 한 번도 만나지 못했다.

메마른 땅에 피어난 저 꽃처럼
내일은 물을 찾을 수 있겠지?

물 좀 주소

◇◇◇

평소에 라면을 자주 먹지는 않는데 몽골에선 하루에 한 끼 이상씩 꼬박 라면을 먹고 있다.
갈증을 줄이기 위해 스프는 조금만 넣어서 먹기에 그 맛은? 음…배고플 때 먹으면 괜찮다.

"엇! 아저씨~센베노~~"
"너 여기서 잔 거야? 안 추웠어?"
대충 이런 이야기를 해주신 아저씨!
"그러게요. 정말 밤새 추워서 덜덜 떨면서 잤네요."
위로 올라갈수록 일교차가 극심하게 느껴지는 듯하다. 아직 낮엔 한 여름 날씨지만 밤엔 입 돌아가기 직전의 추위를 느꼈다.

짐을 정리한 후 출발하려는데 정말 피곤해하는 세인트를 보니 마음이 안쓰럽다.

'자자! 조금만 힘내서 달려 보자! 오늘은 물을 찾을 수 있을 거야~'
어느 순간부터 고비사막을 종단하는 게 목적이 아니고 세인트가 수영할 물을 찾으러 떠나는 여행이 된 것 같다.

만나는 공사 차량은 한글이 적힌 우리나라 차량이지만 인사를 할 때는 둘 중에 하나를 선택해야 한다.

"센베노?" 아니면 "니하오?"

도대체 얼마나 더 돌아가야 하는지 아스팔트 공사는 곳곳에 하고 있으며 이제는 당연한 듯이 우회하는데 아무리 익숙해지려고 해도 모랫길은 여전히 힘들다.

만나는 공사직원은 대부분 같은 이야기를 하는데 이제부터는 계속 아스팔트가 나올 거라고 나를 위로해줬다. 다시 올라온 아스팔트지만 한참을 올라갔지만, 또 막혀있어서 모랫길로 우회하기도 했다. 이틀 안에 도착할 계획이던 다음 마을이 계속 멀게만 느껴졌다. 특히 이 구간은 오르막이 많았고 엄청난 북서풍에 제대로 달리지 못했는데 세인트가 수영할 물웅덩이는 만날 수 없었고 우리가 함께 마실 물도 점점 줄어들고 있다. 정말 크게 외치면서 다녔다.

"물 좀 주 소…"

"물 좀 주 소…"

물 좀 주소

한대수

물 좀 주소
물 좀 주소
목마르요
물 좀 주소
물은 사랑이요
나의 목을 간질며 놀리면서 밖에 보내네
아! 가겠소
난 가겠소
저 언덕 위로 넘어가겠소
여행 도중에 처녀 만나본다면 난 살겠소
같이 살겠소

물 좀 주소
물 좀 주소
목마르요
물 좀 주소
그 비만 온다면 나는 다시 일어나리
아! 그러나 비는 안 오네

중국을 지날 땐 시원한 콜라가 그리웠고 몽골을 지날 땐 그냥 물이라도 있으면 했다.

게르를 만나면 항상 고민하는데 '한 번 방문해볼까?' '아니 이게 무슨 민폐냐?' '그냥 지나가자!' 고민하며 지나가는 나를 불러세운 후 충분한 물을 공급해주는 몽골인은 정말 손님을 귀하게 생각하는 듯 정이 넘치는 분들이다. 몽골은 한없이 건조한 곳인데 몽골인의 마음은 마르지 않은 것 같다.

갑자기 달려간 세인트! 근데 너? 말을 쫓으러 간 거냐? 아니면 거기 쉬러 간 거냐?

이틀 만에 만난 물웅덩이는 조금은 위험해 보이기도 했지만 정말 물이 그리웠는지 세인트는 거침없이 내려가서 30분 동안 반신욕을 했다.

지나가는 나에게 마라톤 할 때 지나가는 마라토너에게 물을 공급하듯 물을 건네준 아저씨들! 전부 중국인인데 칭다오에서부터 왔다니까 칭다오 출신 아저씨 두 분은 엄청나게 좋아하셨고…
"자전거 얼마짜리냐?"라는 질문을 열 번 듣기도 했다.

"센베노~"라고 인사하면 아무런 반응이 없는데 "니하오~"라고 다시 인사하면 하던 일을 멈추고 달려오는 중국인들!

중앙선이 그려진 곳! 다시 아스팔트 느낌이 확~나는데? 그럴 만도 한 게 여기서부터는 차들도 쌩쌩 달렸기에 위험했다. 안쪽으로 바짝~붙어서 달리자!

이제 야영할 곳을 찾아야 하는데 산으로 올라가면 밤새 늑대와 싸워야 할 듯하고 얼마나 더 달렸을까? 세인트가 지쳤다.

어서 빨리 결정해야 한다.
오늘은 어디서 야영할지 말이다.

사막 생존법

◇◇◇

세인트는 이미 지쳤고 혼자라면 당연히 아스팔트로 쑥쑥 달리겠지만 내 자전거 바퀴가 지나간 자국을 좇아 달리는 세인트 때문에 갓길로 달렸기에 나 역시 이제 지쳤다.

확 트인 공간의 고비사막에선 언제나 야영할 곳을 찾는 게 가장 큰 고민이었고 길에서 벗어난 곳으로 올라왔다.

고비사막의 쓰레기처리장이다. 설명하자면 이렇게 땅을 파서 여기에 쓰레기를 버린 후 쓰레기가 어느 정도 차면 다시 흙을 부어 묻는 방식인데 넓디넓은 몽골의 고비사막을 종단하는 동안 '쓰레기는 어떻게 처리하지?'라는 고민은 안 해도 될 만큼 곳곳(주로 게르 근처)에 이런 쓰레기장이 있었다.

AA 건전지 두 알을 사용하는 GPS를 들고 다니기에 이렇게 항상 태양광으로 충천했는데 온 사방에 그늘이 없기에 그 위력은 정말 대단했다.

가끔은 이렇게 얼굴을 가려줄 그늘을 직접 만들기도 했다는~

아! 어제부터 텐트를 치고 나면 똥을 찾으러 다녔는데….

오늘도 역시 열심히 여러 종류(말똥, 소똥, 양똥, 염소똥)의 똥을 모았다. 사실 똥이라는 표현을 쓰기가 그랬는데 뭐 어쩌겠나? 똥을 똥이라고 부르는 것을~
똥으로 불을 지피는 이유는 일단, 추위에서 벗어나기 위함이고 여러 종류의 벌레를 쫓아내고 늑대의 습격에도 대비하고 마지막으로 분위기도 있잖아? '아! 아닌가?'

왕건이를 찾을 때면 나도 모르게 환호를 지르곤 했는데 활~활~타오르는 똥을 보고 있으니 정말 흐뭇하기도 했다.

만약에 다시 한 번 고비사막을 가게 된다면 꼭 감자랑 고구마를 들고 다니리라. 군고구마가 확~땅기네…아흠~

쓰레기장에서 바람막이용 철판을 주워와서 이렇게 똥을 활~활~태우기도 했는데 이제 벌레는 얼씬도 못 하겠지~

세인트는 똥이 타는 연기를 정말 싫어했는데
역시! 네가 싫어하는 거 보니 늑대도 싫어하겠지? 호호

이젠 아무리 바람이 많이 불어도 쉽게 텐트를 치는 요령이 생겼다. 모든 일의 해답은 바로 '경험'이기에! 우후훗!

계속 맑은 구름을 보고 있자니 왜 평소엔 이런 구름을 못 보고 살았는지 새삼 지난날을 후회하기도 하고

왜 평소엔 하늘을 쳐다보지 않았을까? 하는 푸념도 해봤다.

나는 너무 앞만 보며
살았던 게 아닐까?

고생이 많은 자전거(그레이트 게바라)는
세인트와 마찬가지로 나의 둘도 없는 친구다.
자전거와 어떻게 친구가 될 수 있냐고? 풋! 그러게?

이번 여행은 확실히 세인트와 함께 하기에 즐겁고 신이 나는 여행이 되었다.

만약 계속 혼자였다면 저 말처럼 외로웠겠지?

Gobi Des. 戈壁沙漠 ▲
세인트

저 산엔 왠지 늑대가 여러 마리 있을 것 같다. 혹시나 떼로 덤비면 어떻게 하지?

확! 불똥을 던져버릴 테다.

항상 떠 있는 달은 이제 슬슬 본색을 보이고

불만이 많은 아기 먹구름
날씬하고 예쁜 누나 구름
풍성하고 웅장한 아빠 구름
진한 그리움을 보여주는 엄마 구름까지

달 밝은 밤 속삭이는 시 읊조림에
세인트는 먼저 잠이 들었다.

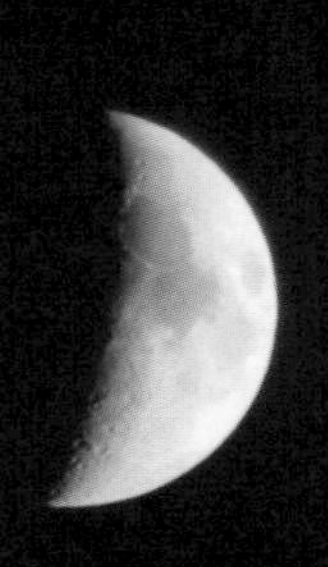

방랑

—헤르만 헤세—

슬퍼하지 마십시오
이내 밤이 됩니다
밤이 되면 파아란 들 위에
싸늘한 달이 살며시 웃는 것을 바라보며
서로 손을 잡고 쉬십시다.

슬퍼하지 마십시오
이내 때가 옵니다
때가 오면 쉬십시다
우리의 작은 십자가
밝은 길가에 둘이 서로 서 있을 것입니다.
비가 오고 눈이 오고
바람이 오고 갈 것입니다.

세상에서 가장 맛있는 음식

◇◇◇

오늘은 다음 도시까지 꼭 가야 한다. 식량은 둘째 치고 물이 부족하다. 매끈하지만 뜨거운 아스팔트를 달리는데 물웅덩이를 만나지 못한 세인트는 금방 지쳤다. 새벽에는 춥고 아침에 깨어나면 쌀쌀한 날씨지만 자전거를 집중적으로 타는 시간인 오후에는 숨이 턱턱 막혀버릴 듯한 무더위가 계속된다. 그래도 워낙 건조한 몽골 날씨에 땀은 나지 않으니 그나마 다행이다.

역시 공사 중인 길은 계속 나오는데 언제 또 이렇게 많은 모랫길을 달려보겠나? 몽골에 와서 평생 달릴 모랫길을 원 없이 달려본 것 같다.

다음 도시에 들어서기 전 큰 광고판이 우릴 반겼다. 광고판에 적힌 문구는 쳐다보지도 않은 채 광고판이 만들어준 그늘에 쉬어가기도 했다.

도시인 '초이르'에 도착했다. 미리 알아봤을 땐 고비사막 종단길에서 몽골의 수도인 '울란바토르' 다음으로 큰 도시라고 알고 있었는데 생각만큼 꽤 많은 건물이 있었다. 새로 생긴듯한 슈퍼마켓에 왔는데 역시 깔끔한 곳이었고 여기서 많은 식량을 구매했다. 근데 여태껏 사온 물, 라면 가격과 비교하니 여긴 정말 저렴했다.

비싼 물일수록 소금물의 맛이 강해서 입에 맞질 않았고 5리터의 물이 파는 곳이 있으면 5리터를 샀다. 음료수는 1.25리터 사이즈가 많았는데 같은 음료수인데도 1.25리터와 2리터의 음료수가 가격이 같았던 곳이 꽤 있었다. 이상한 가격이다.

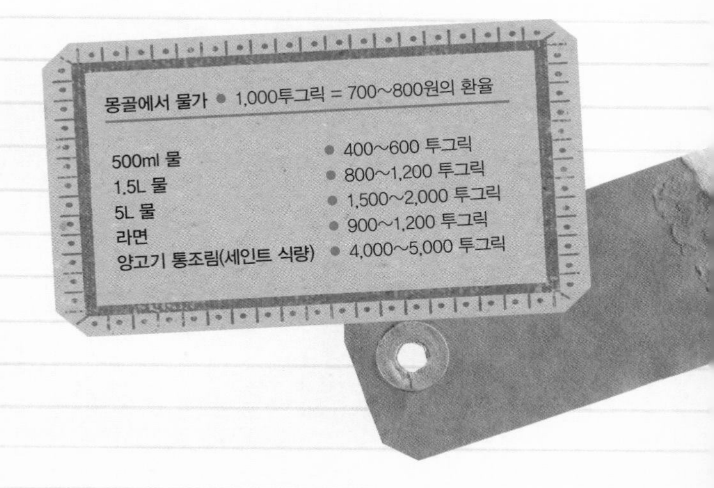

몽골에서 물가 • 1,000투그릭 = 700~800원의 환율

500ml 물	400~600 투그릭
1.5L 물	800~1,200 투그릭
5L 물	1,500~2,000 투그릭
라면	900~1,200 투그릭
양고기 통조림(세인트 식량)	4,000~5,000 투그릭

가격이 저렴했기에 이 슈퍼에서 많은 식량을 구매했고 슈퍼 앞에서 쉬는 중 두 젊은 친구가 말을 건다. 대충 이야기해보니 "어디서 오냐?" "어디를 가냐?"였는데 울란바토르에 간다니까 계속 "울란바토르에서 오냐?"고 되물어본다. "아니! 나 울란바토르에 간다니까~중국에서 왔어~!" 두 친구는 어이없는 웃음과 함께 믿질 못한다는 표정이다. 그럴 만도 한 게 만났던 많은 몽골인이 중국에서 올라오는 사람은 보질 못했다고 하는 거 보면 믿지 못할 만도 하군! 고비사막의 종단길은 지형과 풍향도 그렇지만 많은 유럽인이 러시아를 거쳐서 내려오는 코스이다.

슈퍼 앞에 인터넷이 잘되기에 오랜만에 가족들과 지인들에게 안부를 전한 후 마을을 한 바퀴 돌아보는데….

미용실! 호텔! 당구장에 은행까지 아파트 안에 다 있다!

아파트 놀이터에 앉아서 잠시 쉬다가 마을 안을 지나갈 때 꼬마 아이들이 나에게 "헬로우~"라고 인사했다. 아마도 관광객이 많이 오는 듯하다.

다시 출발하는데 오랜만에 고여있는 물을 만난 세인트 족욕으로 발에 열을 식혔다.

건너편의 집!

'A 0101' 도로!
처음으로 도로명이 새겨진 곳을 만났다.
이 길은 여태껏 달려온 길보다 훨씬 더 위험했는데 지나가는 차들은 고속도로를 지나가듯 빠르게 달렸고 세인트와 나는 더욱 집중해서 갓길로 다녔다.

휴게소인듯한 곳에서 한 아주머니의 호객행위에 넘어가서
허르헉(삶은 양고기와 감자)을 구매했는데
정말! 양고기보다 맛있는 고기는 무엇인가?

'양고기는 지상 최고의 고기가 아닐까?'

이 도로는 공사하다가 만 것인지 아님 도로가 파손된 것인지 곳곳이 움푹 패여 있어서 갓길로 달리는 우리는 정말 힘들게 달렸다.

'소조심' 팻말을 뒤로한 채 야영할 곳을 찾아 올라가는데 수십 개의 가시 식물이 타이어에 박혔고 발을 헛디뎌 넘어져서 왼쪽 팔꿈치를 살짝 다쳤다.

자전거로 여행하는 동안은 항상 배가 고팠고 아무거나 먹어도 전부 다 맛있었던 것 같다.
어머니께서 말씀해주신 명언이 있는데….
세상에서 가장 맛있는 음식은?
지금 먹는 음식인데 바로 '배고플 때' 먹는 음식이다.

몽골리아 솔롱고스

◇◇◇

몽골인들은 우리를 '솔롱고스'라고 부른다.
솔롱고스(Solongos)란?
몽골어로 '무지개의 나라'라는 뜻인데 마침 오늘은 온종일 무지개를 보며 달렸다..

새벽부터
'두두두'
'두두두'
텐트를 찢을듯한 거센 우박이 내렸고
어제 살짝 다친 나의 왼쪽 팔꿈치 역시 찢어질 듯한 통증을 느꼈다.

새벽부터 내리기 시작한 비와 우박은 오전까지 그치지 않았다.
텐트 안에서 버티다가 세인트의 밥을 주기 위해 나갔다 온 사이에 거센 비를 맞아서 온몸이 젖었다.
세인트는 텐트를 방패 삼아 비바람을 피해서 남동쪽에 자리를 잡고 누워있는데 '이런 우박 처음 보냐? 뭘 그렇게 긴장을 하고 그러냐?'라는 눈빛으로 나를 보기도 했다.

고비에 살고 있는 세인트는 당연히 이런 우박을 수없이 겪어봤겠지?

우박이 그친 틈을 타서 자리를 정리한 후 텐트를 걷고 출발할 준비를 하는 동안 금세 땅은 말라버렸는데 정말! 대단한 건조함이다!

"자! 이제 출발해볼까?"

'다… 다… 다… 다… 슝~슝~슝~풍덩~'
눈빛이 달라지고 몸짓이 날렵해지는 세인트의 모습은 바로 물을 만났을 때다! 세인트는 찬물 더러운 물을 가리지 않는다.

트럭을 세워 손을 흔들며 기다리던 아저씨와 귀여운 아이!
"고생이 많다. 힘내라~"라며 응원을 해주고 "위험한 길이다. 조심히 달려라~"라고 걱정해주신 건 굳이 말이 안 통해도 억양과 표정만으로 충분히 전해졌다.

아저씨께서 내 손에 꼭 쥐여 주신 아롤(말린 유제품)을 한입 베어먹어 봤는데 분명히 내 스타일은 아니었지만 아저씨의 마음을 떠올리며 감사히 먹었다.

반대편 차선에 한 아저씨께서 “where are you from?”이라는 정말 오랜만에 들어보는 영어로 나를 세우게 했는데 아들로 보이는 사내는 예전에 고비사막을 오토바이로 여행한 적이 있었는데 얼마나 힘든지 잘 알고 있다며 엄지손가락을 치켜세워주었고 아버지로 보이는 백발의 할아버지는 사진기를 들고 나와서 나와 자전거 그리고 세인트를 계속 찍어댔다.

아저씨께서는 밥 먹고 가라고? 이것저것 챙겨주셨는데?
“뭘 좋아하냐구요?”
우앗!
“제가 뭐 가릴 처지입니까?”
푸핫!
“저 진짜로 다 잘 먹습니다~!”
나중에 울란바토르에 머무는 열흘 동안 이 소시지의 맛이 그리워 매일 소시지를 사먹었는데 이때 먹었던 맛은 다시 느낄 수가 없었다.

GPS에 강아지랑 함께 여행하는 모습이 저랑 똑같네요. 우훗!

지나가면서 한 번 인사하고 반대편에서 올 때 또 인사했으며, 이번이 세 번째 만남인데 아빠와 아들은 분명히 나에게 "힘내!"라고 응원을 해주었다.

한 번씩 나오는 갈림길은 날 오라며 유혹하는데
자전거가 지나가기 힘들 것으로 보이는 길을 본 후에야
이 유혹에서 벗어날 수 있었다.

"오르막길은 힘들지 않나요?"
"힘들면 어떤 생각을 하며 올라가세요?"

"음… 곧 나올 내리막길… 생각하면서 올라가요."

분명히 가파른 오르막을 올라왔지만 내리막은 생각외로 그저 평평한 길이다. 뭐 어차피 세인트와 함께 달려야 하기에 내리막길에서도 속력을 낼 수가 없고 브레이크를 계속 잡으며 달려야 하기에 애써 괜찮다며 스스로 위안하기도 했다.

"헥~헥~헥~"
이번 오르막은 길이도 꽤 길었기에 힘들게 올라온 세인트를 위해 한 참을 쉬어 가기도 했다.

쉬다가 세인트가 풀밭을 뛰어다닐 때면 어느 정도 활력을 찾았다는 뜻이다.
휴식시간의 끝은 세인트가 움직이는 시간이라고 보면 된다.

몽골의 과속방지 표지판!
나에게는 충분히 위협이 될 수 있는 표지판이지만
이 표지판을 자주 보는 몽골인에게는 별 소용이 없는 듯
지나가는 차는 정말 쌩쌩~달렸다.

해가 지기 전에 처음으로 해를 봤다.
하늘이 닫히기 전에 해는
'난 언제나 여기 있단다.'라며 인사를 한 후에야
어느새 천천히 사라져갔다.

슈퍼에서 물을 사고 슈퍼 앞 테이블에 앉아서 쉬는데
“아! 아저씨! 안녕하세요?”

술 냄새를 풍기는 이 아저씨는 다짜고짜 자전거를 타보고 싶어 하셨고 “네네! 아저씨! 타보세요~” 그때! ‘뿌지직…’
“헉…”
프레임에 장착된 물통 케이지를 아저씨의 엉덩이로 눌러서 부러트렸다.
“하… 괜… 찮… 아… 요…”
“뭐… 프레임이 부서진 것도 아닌데요… 하… 하… 하…”

잠시 후 슈퍼주인아저씨께서 오셨고 이런저런 이야기를 하는데 슈퍼주인이 우리말을 한다.

오잉? 띠용!

놀랍게도 이 친구는 우리나라에서 일했었고 더 놀라운 사실은 이 친구가 27살이라는 점이었다.

그는 '바타르'라고 본인을 소개했고 수원에서 용접공으로 일했었다고 한다.

울타리에 갇혀있는 슈퍼주인의 개!
물통 케이지를 부러트린 술 취한 아저씨의 개!
그리고 부끄럼 많은 세인트!
이렇게 삼각관계가 되었고 저 암놈인 개는 계속 세인트를 쫓아다니고 세인트는 도망가기를 반복하며 둘은 '나 잡아봐라' 놀이를 계속 하였다.

슈퍼 뒤에 텐트를 쳐도 좋다는 허락을 받은 후 좋은 땅을 찾아서 자리를 잡았다.

그리고 어두워졌을 때 "자요? 벌써 자요?" 하며 날 찾아온 바타르는 계속 "형~형~" 이러면서 함께 맥주 한잔하자고 했다.

수원에서 용접일을 할 때 사장님은 정말 친절하셨고 남양주에 있는 영광교회에서 삼겹살을 사준 이야기를 하며 잊지 못할 고마움을 느낀다고 했다. 바타르는 2009년부터 우리나라에서 일했는데 갑자기 어머니께서 아프셔서 바로 귀국했다고 한다.
떠나려는 바타르를 말리는 사장님께 "어머니랑 살래요."라는 마지막 말을 남기고 왔다는데 이 이야기를 하는 동안 바타르와 나의 눈가는 촉촉해졌고 불이 필요 없을 정도의 밝은 달빛 아래에서 우리는 청승맞게 흐느끼며 밤을 지새웠다.

"형! 전 우리나라(몽골리아)가 제일 좋아요!"
"응! 그래! 나도 우리나라(솔롱고스)가 가장 좋단다!"

넘어진 자전거

◇◇◇

너무 추웠던 밤이 지났다. 어젯밤엔 바타르와 밤하늘의 별을 세면서 맥주를 3캔이나 마셨다. 그리고 새벽의 추위는 감당할 수가 없었고 밤새 기침을 하며 힘들게 잠들었다.
이제 늦어도 사흘이면 울란바토르에 도착할 거리다. 계속 북쪽으로 올라가는 길이기에 한여름임에도 불구하고 시시각각 변하는 추위와 무쌍한 바람의 몽골 날씨는 점점 더 힘든 길임을 예상하게 했다.

"형~일어났어요?"라며 인사를 건넨 바타르는 나에게 간단한 아침식사를 대접해줬다. 바타르가 키우는 개의 식량을 세인트에게도 넉넉히 나눠줬기에 세인트도 든든한 식사를 했다.

바타르와는 언젠가 다시 만날 날을 기약하며 서로 연락처를 주고받았다.
그리고 귀여운 바타르의 조카에게 일곱 번째 팔찌이기도 한 마지막 팔찌를 선물했다.

바타르는 "형! 이제부턴 정말 위험한 길이에요!"라며 진심 어린 충고를 해줬는데 이때 난 정말이지 더욱더 조심히 달렸어야 했다는 사실을 얼마 지나지 않아서 알게 되었다.

2013년 8월 16일 정말 추웠던 한여름의 몽골을 잊지 못한다.

엄청난 바람이 불고 무수히 많은 우박이 떨어진다. 우박을 피하려고 기찻길까지 가로질러 왔는데 철조망에 막혀 있어서 다시 돌아왔다. 이미 온몸은 젖었고 세인트도 부들부들 떨고 있다.

'아! 이거 큰일이군!'
조금 더 달려서 도로 밑의 좁은 배수로에 들어왔고 재빨리 젖은 옷을 갈아입었다.
"세인트! 우박이 그칠 때까지만 여기서 쉬어가자!"
잠시 후 서서히 그치는 우박에 세인트는 배수로에서 나와 풀밭을 뛰어다녔다.
"세인트! 아직 아니야! 우박이 완전히 그치면 출발하자!"

우박이 그쳐서 신이 났는지 세인트는 풀밭으로 놀러 가버렸고 나는 잠시 눈을 감고 꿈을 꾼 것 같다.

잠시 후 "끼이익~"하며 급정거하는 차 소리와 함께 세인트의 짧은 울음소리가 들렸다. 순간적으로 하늘이 멍해졌고 벌떡 일어나서 도로 위로 뛰어 올라왔다. 근데 무슨 일이 있었나? 분명히 급정거한 듯한 흰색 소형승용차는 아무 일이 없었다는 듯이 지나가 버렸고 분명히 낑낑거리며 짧게 울었던 것 같은 세인트는 어디에도 보이질 않았다.

"세인트~어디 갔어?"

도로 근처를 뛰어다니며 찾아봐도 세인트가 보이질 않는다. 정말 믿기 힘든 일인데 이 짧은 순간에 세인트는 감쪽같이 사라졌다.
반대편 도로와 위에 산 쪽을 천천히 살피며 찾아보고 줌이 당겨지는 카메라를 망원경으로 삼아 멀리까지 계속 찾았다.

그때!!
'쉭'하고 바람이 불더니 '쿵'하며 세워놓은 내 자전거가 넘어졌다.
두 번째 넘어진 자전거다.

세인트를 만난 첫째 날 내 자전거는 바람에 넘어졌고
세인트를 잃어버린 지금 역시 자전거는 넘어졌다.

세인트 찾기

◇◇◇

주위를 계속 살피며 세인트를 부르며 찾아다녔다.
만약에 차랑 부딪쳤다면 어딘가에 쓰러져 있을 건데 아무리 주위를 찾아봐도 세인트는 보이질 않는다. 카메라로 줌을 당겼다 풀었다 계속 그를 찾았고 마침내 멀리 산 위에 있는 검은 점을 발견했다.
'분명히 세인트다.'

"세인트~세인트~"

큰 소리로 세인트를 불러봤지만, 그는 나를 쳐다보고 가만히 앉아 있었다.

"세인트~도대체 거기까지 어떻게 올라간 거야?"
"너 혹시 다쳤어?"
"기다려봐. 내가 갈게. 가만히 있어."
가파른 오르막을 뛰어 올라가면서 몇 번 넘어지기도 하고 두더지 구멍에 발을 접질려서 오른쪽 발목을 삐었다. 하지만 절뚝거리며 세인트를 찾으러 계속 올라갔다.

그리고 마침내 세인트가 있어야 할 지점에 왔는데 그는 보이질 않는다. 주위를 살피며 찾아보고 다시 내려와서 위치를 확인해본 후 올라와서 찾아봤지만

세인트는 거기에 없었다.

'어디 간 거야?'

난 초원을 뛰어다니며 폭포수 같은 눈물을 흘렸고
계속 아픈 발목의 통증을 참아내며 초원을 뒤졌다.
처음 찍었던 사진과 비교하며 계속 올라갔다 내려오기를 반복했다.
목이 쉬어라 세인트를 부르며 세인트가 좋아하던 노래를 부르면서 그를 찾아다녔다.

그리고 얼마나 지났을까?
무릎을 꿇고 기도를 했다.

'세상의 모든 신께 부탁합니다.'
"제발! 세인트를 찾게 해주세요."

세인트는 여기서 마지막 모습을 보인 채 사라졌다.

시간이 흘러 해가 지고 달이 떴다. 울다가 지친 나는 더는 세인트를 찾을 수가 없었다. 이때의 내 상태는 아마도 정상이 아니었던 것 같다. 앞이 보이질 않았는데 어떻게 자전거를 탔는지 기억이 나질 않는다. 계속 혼잣말을 되새겼다.

"넌 거기에 없었어."
"넌 그냥 도망간 거겠지?"
"널 찾을 수가 없었어."
"넌 분명히 산을 넘어 초원을 달리고 있겠지?"
"내가 미워 떠난 거겠지?"
계속 눈물을 흘리며 세인트를 불렀다.
"세인트… 세인트… 세인트…"

안녕이라는 말도 하지 못한 채
우리는 여기서 이별을 했다.

달콤한 꿈

◇◇◇

아침은 오지 않을 것 같았는데 추웠던 새벽공기가 나의 뺨을 때렸고 여전히 해는 떴다. 분명히 못 일어날 것 같았는데 벌떡 일어나서 물을 찾는 걸 보니 '아! 아직 살아있구나!'
휴대전화기에 쓴 마지막 글을 다시 한 번 살펴봤다. 지금 생각해보면 위험했고 철부지 없었던 행동이지만 이땐 분명히 그랬었다.

2013년 8월 16일은 내 인생의 마지막 날이 될 거로 생각했다.
일어나자마자 세인트를 부르고 또 찾았다. 이미 여기에 없지만 나도 모르게 세인트를 부르며 "세인트… 어디갔냐? 물 마셔야지…"
지금 내 곁에 세인트가 없다는 것은 너무 큰 아픔이다.
어제부터 얼마나 울었던지 얼굴과 눈이 팅팅 부었고 아마도 계속 눈물이 날 것만 같다. 만약에 세상에 '고통'이 있다면 바로 지금일 것이다. 이제 울란바토르까지는 85km가 남았고 갑자기 혼자가 된 나는 힘이 없었다.

아이들은 언제나 자전거를 보면 환호를 지르며 따라오는데
"너희 혹시 세인트 못 봤니?"
"…"

세인트가 좋아하는 물웅덩이…

멀리서 봤을 때 세인트인 것 같은 착각을 일으켰고 저 개에게 달려갔다. 하지만 세인트가 아니었고 저 개는 나에게 엄청나게 크게 짖었다.

울란바토르로 올라가는 마지막 언덕은 너무 힘들었다. 오른발을 삐었고 왼쪽 어깨가 빠져나간 것 같다. 몸에 힘을 줄 수가 없었고 계속 눈물을 휘날리며 달렸다.

'긴 오르막은 이젠 마지막인가?'
'앞으로 나아갈 수 없을 정도로 몰아치는 세찬 바람은 이제 더는 안 맞아도 되는 건가?'

정상에 있는 어워 앞에 자전거를 세웠다. 그리고 어워를 시계방향으로 세 바퀴를 돈 후에 소원을 빌었다. 그리고 페트병을 자른 세인트의 물통은 여기에 두기도 했다.

"세인트… 목마르지?"

울란바토르에 들어가기 전에 있는 위성도시에 왔고 찢어진 바지를 수선했다.
사실 한 달이 넘게 찢어진 바지를 입고 다녔는데 그렇게 부끄러운 건 없었다.
사람을 만날 수 없으니 만약에 팬티만 입고 다녔어도 별로 놀랄 일은 아니었다.

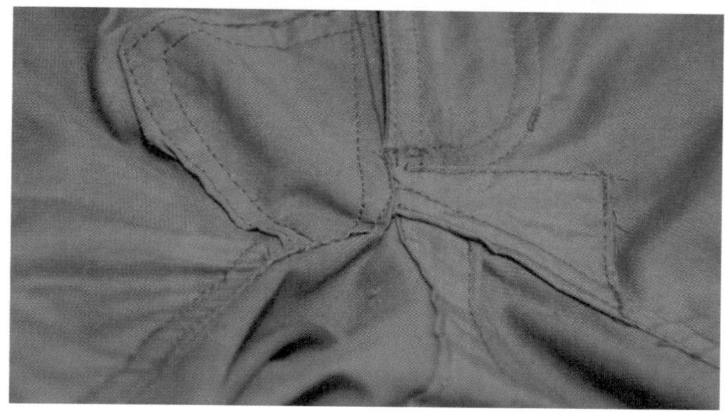

울란바토르에 도착하기 전날 눈을 감고 꿈을 꿨다.

아주 행복한 꿈인데…

불가능한 꿈
레이게바라의 고비사막 자전거 여행

Gobi Des. 戈壁沙漠 ▲
세인트

정말 아름다운 꿈인데…

난 지금 이 달콤한 꿈에서
깨어나지 못하고 있다.

집으로

◇◇◇

울란바토르 시내에 도착할 때쯤부터는 교통체증이 너무 심했고 자동차 클랙슨 소리는 일 초에 열 번씩 울릴 정도로 시끄러웠다. 신호의 개념, 양보의 미덕은 전혀 찾아볼 수 없는 곳이다. 인도로 달려봤지만, 블록마다 나오는 인도의 턱 때문에 자전거를 타기엔 너무 힘든 곳이었다. 울란바토르에 도착하기 전에 어느 호텔의 종업원이 자살한 사건이 있었는데 우리나라 사람이랑 관련이 있다는 뉴스를 들었고 많은 몽골인이 촛불집회를 할 정도로 반한감정이 극에 치달았다는 소식이 있었다. 근데 정말 웃긴 건 지나가던 몽골인이 나를 보며 "XX놈아"라며 정확한 우리말로 욕을 했다.

'아니! 아무리 그렇다고 해도 왜 나한테 욕을 하지?'
'엥? 근데 저 사람은 어떻게 우리나라 욕을 알고 있지??'
'근데? 난 선글라스에 마스크까지 썼는데 내가 한국인이라는 걸, 어떻게 알았지???'
희한한 일이다. 그리고 곧 조심해야겠다고 생각을 했고 사람이 많이 다니는 곳을 찾다가 결국 큰 놀이공원에 왔다.
여행 출발 전에 미리 알아놓은 한인민박 집에 연락했고 여기서 민박집 사장님을 만나기로 했다. 그리고 오랜만에 집에 전화했는데 어머니랑 통화 중에 계속 눈물이 쏟아질 것만 같았다.
4시간째 민박집 사장님을 기다리는데 너무 춥고 배가 고프다.
그리고 발목의 통증이 너무 심하고 발이 퉁퉁 부어서 걷기가 힘들 지경이다.

아무래도 계속된 여행은 무리일 거로 생각했다.

수흐바타르 광장의 칭키스칸 동상.

비록 세인트와 함께 하지는 못 했지만 고비사막 종단을 완주했다.

민박집에서 총 열흘 동안 머물렀다.
발목을 회복하는 데만 3일이 걸렸고 어느 정도 걸을 수 있을 때부터는 하늘이 나의 움직임을 허락하지 않는 듯 매일같이 천둥 번개와 함께 비가 쏟아졌다.
내가 할 수 있는 건 그냥 멍하니 구멍 뚫린 하늘만 쳐다볼 뿐이었다.

내 몸과 마음은 너무 지쳐있었고 점점 추워지는 몽골 날씨와 갑자기 혼자가 된 나는 큰 외로움을 느꼈다.
그리고 얼마 후 비행기 표를 예매한 후 귀국하기로 했고 여기서 이번 여행을 마무리하기로 했다.

집이 그립고
가족이 보고 싶고
맛있는 음식을 먹는 상상을 한다.

인천에 도착한 후 다시 일주일간 몸을 회복한 후에야 부산으로 자전거를 타고 왔다. 집에 도착한 날은 여행한 지 91일째가 되었고 속도계의 총거리는 4,075km가 찍혀있었다.

여행 중 나의 손을 보호해준 장갑은
이제 바꿔야 할 때가 된 것 같다.

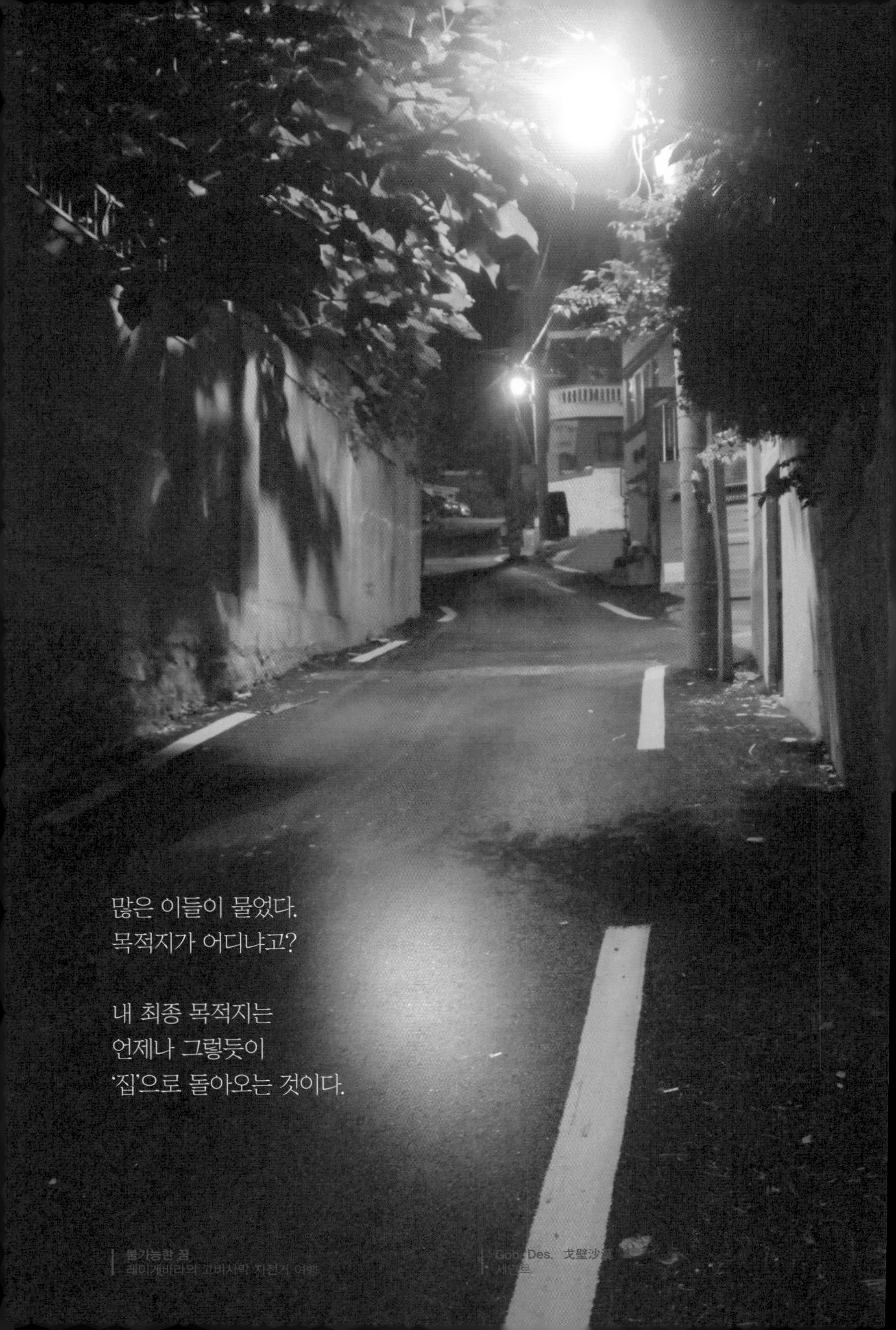

많은 이들이 물었다.
목적지가 어디냐고?

내 최종 목적지는
언제나 그렇듯이
'집'으로 돌아오는 것이다.

세인트에게

◇◇◇

자전거를 타고 몽골의 고비사막을 지나겠다던 아니, 고비사막 근처에서 고비의 바람이라도 맞아보려 했던 나의 불가능한 꿈은 이렇게 슬프게 완주했다.
내 가슴엔 '세인트'라는 화살이 뻥 뚫어놨고 그 상처는 지금까지 치유하지 못하고 있다.

세인트와 함께하는 동안에 계속해서 국내로 데려오는 여러 방법을 알아보기도 했지만 우린 끝까지 함께하지 못했다.

세인트와의 이별은 나 때문이라는 자책을 많이 했고 지금도 계속 마음이 아프다.

몽골에 살면서 고비를 뛰어다니는 세인트와 계속 함께하려고 했던 내 욕심이 너무 컸던 것 같다는 생각이 들었다.

세인트가 처음 날 쫓아올 때 왜 더 강력하게 쫓아 보내지 않았을까?
목동에게나 지나가다가 만난 분들에게 더 간절히 세인트를 보살펴 달라고 부탁하지 않았을까?
여행이 끝난 후에도 계속되는 후회는 여전하고 이미 늦었지만 나 자신이 원망스럽기까지 하다.

세인트와 헤어진 곳에선 목이 쉬어 목소리가 안 나올 때까지 그를 부르며 찾았다.
푸른 초원에서 세인트를 찾지 못한 건 내가 가진 '적록색맹' 때문만은 아닐 거다.
세인트를 찾지 않아야 세인트가 자유롭게 뛰어다닐 거라는 믿음도 있었던 것 같다.

정말 길었던 아니, 짧았던 꿈만 같은 시간이 지났다. 이 글을 쓰는 동안은 밤새 몇 번을 울기도 하고 괴로워하기도 했다.

부디 아름다운 몽골의 하늘 아래를 계속 뛰어다니고 있을 세인트를 그리며 세인트에게 보내는 내 고비사막 여행 이야기는 여기서 마친다.

더 아껴줄걸
더 사랑해줄걸
헤어진 후 항상 가지는 후회.

epilogue 리얼리스트

◇◇◇

현실로 돌아왔다.
현재로 돌아왔다.

여전히 아침에 눈을 뜨고
점심엔 고양이 밥을 주고
저녁엔 반신욕과 함께 체 게바라 시집을 읽는
지금으로 다시 돌아왔다.

꿈을 꿨었던가?
아무렇지 않은 듯 친구를 만나고
평소처럼 행사 품을 찾아 할인 마트를 어슬렁거리며 다닌다.

집 공사를 시작했다.
옥상바닥을 시작해서 창문을 이중으로 만드는 대공사가 시작되었다.

틈틈이 여행 사진을 정리하며
출간할 책을 위해서 글을 써내려간다.

현실로 돌아가기 위해 발버둥을 쳐보지만
시간을 돌려보려 애써봤지만

지나간 시간은 멈추지도 돌아오지도 않았다.

고작 3개월의 시간이었는데…

텔레비전엔 낯선 개그 프로 유행어가 나오고
못 보던 아이돌 가수가 나와서 춤을 춘다.
오랜만에 만난 조카는 그 사이에 아장아장 걸어 다니며
더 오랜만에 본 큰 조카는 벌써 몰라보게 키가 자라있었다.

고작 90일이었는데….

단지 눈을 감고 꿈을 꾼 듯이 재빠르게 지나가 버린 시간이었다.

삼십 대 중반.
조금은 뒤처진듯한 나의 현실이
꿈꾸며 즐기는 여행으로 메울 수 있을까?

인생에 정답은 없듯이 미래를 알 수는 없다.
평생 여행만 하며 살 수는 없기에…
고비를 다녀온 지금은
현실과 싸우는 또 다른 고비가 시작되었다.

아껴뒀던 체 게바라의 명언은 이쯤에서 써야겠다.

'리얼리스트가 되자! 그러나 가슴 속에 불가능한 꿈을 가지자!'

RAY
GUEVARA